U0318689

PREFACE 前　言

　　进入新世纪以来，随着社会经济的高速发展，人们的物质生活水平、精神生活水平不断提高，珠宝玉石领域越来越受到人们的关注和喜爱。为满足人们多层次不同方面的需求，宝玉石的饰品类型和把玩、陈设、收藏品种在继承中不断地推陈出新。

　　作为天然资源的宝玉石，资源毕竟是有限的，发掘传统品种资源，寻找新的宝玉石资源，以满足人们日益高涨的消费收藏热潮成了这个行业永恒的话题。尤其是近几年来，开发新的宝玉石品种更是备受人们的重视。南红就是在这样一种时代背景下悄然间登上了历史舞台，又几乎一夜之间红遍了大江南北，它为发展的中国和人们的生活增添了一抹吉祥红。

　　南红说是一个新品种，实际是一个古老的品种，在历史的长河中它曾经留下了高贵的足迹，曾伴随着古人作为奢华身份的象征，佩戴、把玩或陈设，只是由于资源的珍稀匮乏和利用问题，南红最终无奈地消失在人们的生活中。

　　从南红最后一次离开人们的视线，时光距今已有百年。国家的强大、社会的稳定、经济的繁荣，为南红的重生奠定了所有必备的条件。随着南红新资源的发现、老矿区焕发生机，市场迅速壮大成熟起来，历史上一个南红的全新的鼎盛时期已经到来！

对于南红的前世今生，普通消费者可能会感觉既陌生又新奇，而关于南红的一些新称谓、新名词，它们均来自于业内，需要阐释和说明。介绍南红知识的有关专业书籍目前还不是很多，且重点都放在南红本身，加之市场新的原料和玉器作品不断出现，新的行情不断诞生，同类相似品种的加入，又给南红的鉴赏增加了新的趣味。因此，有必要对南红相关知识，市场动态，鉴定鉴赏做一个系统的阶段总结介绍，本书即是在这样一种背景下诞生的。

本书在成文过程中得到了地质学家、天津地质研究院院长敬成贵教授，宝石学家、副院长刘道荣教授的热情关怀和指导，在此，谨致衷心的感谢！

本文选用的南红玉器照片大部分源自苏州、上海、北京、河南、广东的一流玉器雕刻艺术家的作品，也有一些新生代的优秀作品，文中尚有一些未能查到相关来源的未署名玉器作品，在此一并谨致谢忱！此外，尚有很多杰出艺术家的作品因图片原因未能全面展示，留待今后再续。

CONTENTS 目 录

鉴定
技巧

南红市场动态与价值走势 /146

基础入门

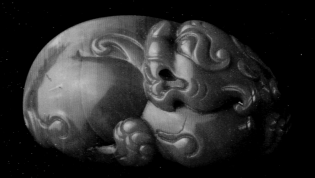

何谓南红

"南红"这一带几分神秘色彩的称谓，对大多数人来说，至今可能依然还是十分陌生，很多人听到后或看到后还会感慨不知所云，不知何物。简单说，"南红"是南红玛瑙的业内简称，是近些年业内对产自中国西南部地区的一种以红色系颜色为主的，观感润泽浑厚的天然红玛瑙的统称，是包含了地域概念，并且强调了天然红色成因以及专业玛瑙术语三层含义的业内玩家所用的俗称。

实际上，几乎没有人确切地知道南红这个称呼究竟起源于何时。有业内人士考证，这个名称的出现距今至多不会超过十五年！在历史上至近现代，在我国云南、甘肃、四川三省都有南红的踪迹或发现，但产量不高，高品质的南红更是极其罕见。南红历史上以云南保山的出品最为常见也最多，更因为"南"字直接联想于云南，所以一度产生了南红玛瑙即特指云南产的红玛瑙的认识。

● 南红玛瑙貔貅摆件

66.5毫米X59毫米X25.5毫米，满肉柿子红火焰纹，重126克，市场参考价68000元。

南红这一称谓在最近5年里，特别是近两三年，随着市场的火热迅速成熟，已经成为珠宝玉石界内十分抢眼的热词。

虽然南红玛瑙的名称可能直接源自有历史渊源的出产天然红玛瑙的云南保山，但历史上同样出产过天然红玛瑙的甘肃甘南迭部以及近几年刚刚发现的四川川南凉山也是重要产区。因此业内又有了滇南红、甘南红、川南红之说，人们又进一步简化谓之滇

● 南红玛瑙观音挂件

柿子红，凉山料，重 27.4 克，邹小东作品，市场参考价 38400 元。

红、甘红、川红。三地之间从名称上可以看出，无论是滇南、甘南，还是川南，地域上恰好都与南字有关，因此一些业内南红研究者深挖字义，富于联想，认为滇南红、甘南红、川南红的称呼是这样来的，也算是有趣的巧合吧。称呼的解释虽略有差异，可当作一种趣味儿，但业内对南红玛瑙本身的特征认识高度统一，基本没有异议和争论。

然而，南红、南红玛瑙、滇红、甘红、川红等这些特指词语，均是业内的非专业词汇或俗称，并非是国家标准规范里的专业的固有术语。也就是说执行国家标准的证书鉴定名称上不会出现南红或其他俗称的字眼，而依旧是玛瑙。有时只是在备注栏表明商业俗称"南红玛瑙"，以示区分其他优化处理的玛瑙。当然这丝毫不影响人们对南红的热情和痴迷。

南红，这一古老而又新奇的玛瑙品种，从默默无闻到市场爆发，短短几年时间，足迹已经遍布各大主要玉器市场和零售市场。也许是南红玛瑙本身的魅力所致，也许是因为简明上口，不知不觉中，业内和民间索性经常省略玛瑙二字，而更喜欢称其为南红。不难理解，对一件美丽的事物，人们用一种奇特的、美好的、绚丽的、简洁的称呼来代表它、宠爱它，最自然不过，南红便是！当然南红二字已经足以具有独特性、唯一性，不会对玉石品种形成误解和错误的指向。本文成文的名称包括以下内容，也适应这种趣味，索性省略到底，凡涉及"南红"二字简略称谓时均指南红玛瑙。

南红的历史

南红，并不是一个新的玉种，它其实是一个有着几千年应用历史的高档玉石材料，只不过由于南红资源的珍贵稀缺，随着日月的变迁，历朝持续开采利用，从而优质的南红在近代一度绝矿，加之它的制品传世又少，在民间自然随之销声匿迹，人们对它的了解甚少也就不足为奇。

南红作为把玩、欣赏、佩戴的应用历史悠久。从出土的实物看，它出现在上流社会的生活中距今至少已有三千多年的时间。从战国时期古滇国，及至明清两朝均留下了它鲜明的足迹，它是历朝都高度重视的不可多得的名贵玉料。

● 老南红高品质手串

● 东汉 蚀花玛瑙管

云南江川李家山 69 号墓出土的东汉玛瑙，整体呈现肉红色、半透明，无任何色变。

● 清 鹤鹿同春笔筒

● 清 南红玛瑙童子洗象

目前发现最早的南红器物出土自成都金沙遗址，但数量不多。其中最著名的是一件沿用了三星堆先民使用贝币的传统，制造出的当前存世最早的南红制品——南红贝币。战国时期的古滇国贵族墓葬中出土了较多量的长管形、短管形、橄榄形素面南红玛瑙的串饰，较大一点的器物还有两件南红玛瑙雕刻的甲虫和牛头。那一时期的玉器制作精美程度已令今人叹为观止。

我国从西周时期开始使用的组玉佩，除了玉璜、牌形饰等主体佩饰外，串联其间的珠、管就以红色玛瑙为首选。苏州博物馆展出的浒墅关真山东周贵族大墓出土的"玉珠襦"，其中主要材质为红色玛瑙管、水晶珠和绿松石珠。先人那时的审美并不输于今人，今天的多宝串其实古已有之。

南朝宋范晔所撰《后汉书·卷八十五·东夷列传》记载，东汉时期，"扶余国，在玄菟北千里。南与高句丽、东与挹娄、西与鲜卑接，北有弱水。地方二千里，本地也。……出名马、赤玉、貂豽，大珠如酸枣。"《后汉书·卷八十五·东夷列传》同时记载："挹娄，古肃慎之国也。在夫馀东北千余里，东滨大海，南与北沃沮接，不知其北所极。土地多山险。人形似夫余，而言语各异。有五谷、麻布，出赤玉、好貂。"这里的"赤玉"有关专家曾考证即指天然红玛瑙。

我国最早的一部百科词典，成书于三国魏明帝太和年间张揖所著《广雅》，其中有"玛瑙石次玉"和"玉赤首琼"之说。《太平广记》中有"玛瑙，鬼血所化也"。

明朝早期曹昭的《格古要论》对玛瑙的论述奠定了现代玛瑙概念和分类基础，他是这样描述的："玛瑙多出北方，南蕃西蕃亦有，非石非玉，坚而且脆，快刀刮不动。凡看碗盏器皿，要样范好碾得不夹石者为佳，其中有人物鸟兽形者最佳；有锦红花者谓之锦红玛瑙；有漆黑中一线白者谓之合子玛瑙；有黑白相间者为之截子玛瑙；有红白杂色如丝相间者谓之缠丝玛瑙，此几种皆贵；有淡水红者谓之浆水玛瑙；有紫红花者谓之酱斑玛瑙；有海蜇色者，兔面花者皆价低。凡器物刀靶事件之类，看景好碾琢工夫及红多者为上，古云玛瑙无红一世穷。"

明朝著名的《徐霞客游记》，则对云南的天然红玛瑙的产出环境和特征做了具体的记载。徐霞客游历考察来到云南一个叫玛瑙山的地方，玛瑙山"上多危崖，藤树倒罥，凿崖进石，则玛瑙嵌其中焉。其色月白有红，皆不甚大，仅如拳，此其蔓也。随之深入，间得结瓜之处，大如升，圆如球，

• 明 十八子手串

• 清 南红玛瑙马上封侯摆件

● 清 南红玛瑙龙凤辇摆件

中悬为宕，而不粘于石，宕中有水养之，其晶莹紧致，异于常蔓，此玛瑙之上品，不可猝遇，其常积而市于人者，皆凿蔓所得也。"其中的玛瑙山，现在普遍认为就在云南保山地区。

明朝徐应秋的《玉芝堂谈芸》中记载，"生南方者色正，红无瑕，生西北者色青黑，谓之鬼面"，"红色者为重，内有五色缠丝者胜之"。

佛教传入中国后，玛瑙、玉髓等成为佛教七宝。特别在藏传佛教中，红玉髓是七宝之一。南红在西藏的地位极其特殊，人们认为红色代表太阳、慈悲和观音菩萨，因此，红色的宝石玉石尤其受到藏族同胞喜爱，更深受旧西藏达官贵人们的追捧。在南红传入西藏之前，人们喜爱红珊瑚，但西藏地区所使用的红珊瑚为"倒枝珊瑚"，只有日本海峡和台湾海峡才有出产，这种地域原因及倒枝珊瑚本身的珍贵决定了这种红珊瑚只能成为独属于贵族阶级的奢侈品，而普通的僧众则只能使用沙眼众多的劣质红珊瑚。因此南红玛瑙在传入西藏的那一天，就立刻受到了广大普通民众的喜爱。于是南红真正的以批量产品的形式登上历史舞台，成为众多信徒的随身配饰。南红因为在佛教中有着不可言说之功效。故而不仅地位尊崇，消耗用量也大。

清代留存下来的南红重器有"福禄寿花插"，俏色"凤首杯"等。福禄寿花插，由整块南红雕刻而成，采用深浮雕及透雕的表现手法，工艺极其精湛，掏膛匀净，颜色红润，巧妙借助材质自身的天然颜色，雕琢红白相间的纹饰，极富美感。此藏品将南红之美体现得淋漓尽致，其色浓艳纯正，其质光华内敛，其形温润娇嫩。宝光浮现，红艳欲滴，有不可思议之气度。无论工艺、技法都堪称上品，可见此物具有极高的艺术价值。

● 明 南红玛瑙福禄寿花插

清代南红玛瑙"凤首杯"是北京故宫博物院馆藏的国家一级文物，是研究南红资源、雕刻技术、俏色设计不可多得的国宝。该器物造型饱满，端庄沉稳，颜色浓郁，雕刻技法上运用了圆雕、高浮雕、镂空雕、线刻、俏雕等工艺，白色条纹绝妙地处理成凤鸟羽翼的轮廓部分，栩栩如生，惟妙惟肖，精美绝伦，达到了出神入化的最高艺术境界。

在国外，美国大都会博物馆馆藏着中国清代南红玛瑙雕件，其质地温润，红色艳丽。英国的大英博物馆也有来自云南出土的东汉玉带缠丝玛瑙珠。从这些传世作品可以看出，历朝对南红都非常重视，同时也因为玉料稀少珍贵，能制作成大器者更是弥足珍贵，这是传世南红少之又少的一个最重要原因。

此外，天然红玛瑙在古代被认为是重要的药材，以之入药可养心养血。李时珍在《本草纲目》中就以红玛瑙入药。古人认为南红玛瑙是具有养心养血功效的保健宝石，正红色的红玛瑙可改善内分泌，加强血液循环，让气色变好，偏橘色的红玛瑙则可对直肠、肠胃都有效用。可平衡正负能量，消除精神紧张及压力。

从古籍记载以及出土传世器物来看，一方面我们寻觅到了一些关于古代天然红玛瑙的产出制作信息，另一方面也看到古人那时候对天然红玛瑙的研究已有了深刻认识，对它的推崇已到了登峰造极的境地！

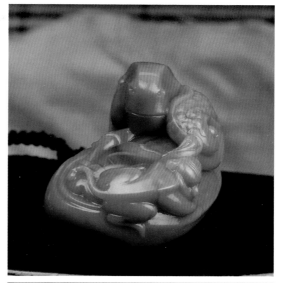

17

● 南红玛瑙马上封侯把件

44.5 毫米 X25.5 毫米 X23 毫米

柿子红，凉山料，重 30.69 克，袭进作品，市场参考价 68800 元。

南红归来

随着时代变迁以及对红玛瑙资源的不断采掘，我国西南部的天然红玛瑙资源以及北方地区的"赤玉"产出相继绝迹。从20世纪初至21世纪初，南红作为高档玉器原料已经在普通民众眼里消失了近百年时间。

清廷玉器制品对材料的选用遵循严格的制度，保山南红由于自身材料瑕疵裂缕的大量存在，大块玉料不复存在，从而高水平的南红玉器的制作就此告一段落，取而代之的至多是一些小物件的断续制作。原料的断供，南红随之无奈地退出了历史舞台。

人们普遍认为，南红原料在乾隆时期断供，也有专家曾考证保山地区的南红是最早于清晚期绝迹的。综合资料分析，南红的较大规模的优质原料供给在乾隆朝后期结束。之后应该是小量的陆续发掘的原料供给，至清

● 南红玛瑙仿古龙雕件

仿古龙，四川凉山料，重21.1克，市场参考价15000元。

● 南红玛瑙一鸣惊人手把件

柿子红、玫瑰红、冻料三色蝉，川南红，重29克，市场参考价7800元。

● 柿子红南红玛瑙守护雕件

吉祥辟邪重器，中国玉（石）器百花奖金奖获奖作品。高80毫米，宽51毫米，厚36毫米，重214.2克。

● 极品樱桃红南红玛瑙貔貅摆件

四川凉山联合料，李栋作品。

朝末期，由于原料存在大量裂隙缺陷，难以成器，最终造成南红原料断供，市场绝迹。

2009年，对于南红而言，是一个划时代的标志。这一年被业内广泛认作南红重登历史舞台的重要时刻。正是这一年，四川凉山，发现了优质南红资源！也是在这一年，在南红的故乡云南的昭通地区也发现了少量的南红资源！

2010年的时候，市场仅有少量的南红制品现身于个别拍卖会和珠宝展览会，而从2011年以后开始，到2015年的今天，南红市场已经迅速炽热成熟，这一过程经历虽然短短5年时间，却创造了玉石领域的奇迹。

值得庆幸的是，虽然保山南红资源沉寂百年，几近枯竭，但今天的保山仍然每年可以发现一定数量的原矿遗存供市场加工消费。此外昭通地区近年也有少许南红资源的发现和供给，为滇南红的材料市场提供了又一个补充。特别值得关注的是，近两年，保山附近又陆续发现了一些以前未曾开发的新矿点，并且成功采集到了体量、质地俱佳的大块头优质材料。虽然矿源寻觅采集十分困难，现有供给数量有限，但毕竟为保山南红揭开了新的篇章。

应该说，对南红这种特殊材料而言，近期保山发现的这种大体量和高品质南红材料，昭示了南红原料的重大突破，预示着保山南红正在走向一个历史的新高度。

对甘肃南红而言，虽然甘南红原料在近半个多世纪的时间内，实际上已难觅踪迹，现有对甘南红的描述多是停留在人们记忆和传说中，但它依然停留在人们的视线中，未曾远离。对它的恋恋不舍，让人们一直在苦苦

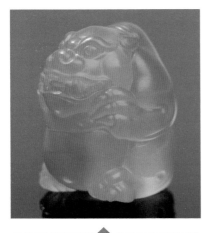

● 直通孔瑞兽貔貅勒子

南红荧光粉红色樱桃红冻联合料，苏工，李栋雕瑞兽貔貅，重7.7克，市场参考价13500元。

● 锦红南红玛瑙笑佛手把件

重78.86克，叶海林作品，市场参考价80000元。

寻觅它的消息，探究它的渊源。

令人振奋的是，随着四川凉山地区优质天然红玛瑙原料——川南红这一生力军的发现，新生的南红原料供给市场已经形成，并很快在市场形成一定的规模，南红玛瑙这一古老的玉石品种又终于在社会经济蓬勃发展的今天大放异彩！

应该说，四川凉山具有市场意义的红玛瑙资源的发现，是玉器发展史上的重大事件，对天然红玛瑙资源的开发利用将具有里程碑式的意义！从现有南红玉器设计创作情况和完全具备了大大超越以前历史时期的材料储备基础看，与历代传世南红器物比较，无论是数量上，体量上，还是器形设计、制作技艺和制作速度上，当代南红作品已经站到了历史上新的巅峰！

"稀世之珍 南红归来"，是2011年3月在国内首次于北京国际珠宝交易中心举办的高规格南红玛瑙展的主题；而"玉器收藏新宠，南红王者归来"也曾是2012年新南红的基地，四川重庆国际珠宝玉器展上的广告语。人们纷纷用"南红归来"来表达对南红久违了的一种似曾相识的思念情愫和敞开胸怀由衷接纳的欢迎姿态！老产地焕发生机，希望依存，新产地蓬勃发展，继往开来，南红是否是"王者"无关紧要，但是"归来"确是实至名归！

南红的基础知识

南红的基本特征

　　南红在玉石分类中属于玛瑙。南红玛瑙同其他玛瑙品种一样，是一种具有环带构造的玉髓。南红的主要化学成分是 SiO_2，与普通玛瑙品种是基本一致的，都是二氧化硅凝胶的隐晶质物质，只是含三价铁要高。铁元素是形成南红颜色的主要元素。南红玛瑙颜色以明暗程度不同，深浅有别的红色系为主，有锦红、柿子红、玫瑰红、樱桃红、水红、粉红等。可夹有白色、褐色、灰色条纹条带，呈透明、半透明、微透明状，以微透明或半透明为主，蜡状油脂光泽，玻璃光泽，环带状构造。折光率 $1.54 \sim 1.55$，硬度 $6.5 \sim 7$，比重 $2.61 \sim 2.65$。

● 南红玛瑙五毒手把件

　　柿子红玫瑰红，凉山料，重 144 克，市场参考价 98000 元。

● 颜色不匀的南红玛瑙手把件

　　明显的条带状构造，重 11.06 克，市场参考价 3600 元。

☉ 颜色——"朱砂点"的特征

南红玛瑙的颜色较单纯简单，红色是其最大的特征，但红色的鲜艳程度和明暗程度均与构成南红玛瑙颜色的"朱砂"点密切相关。

放大观察南红的红色部分，会发现其红色部分是由无数颗针状红斑点构成的，针状红点主要是氧化铁形成的。这些小红色点也就是我们常说的"朱砂"点。但它并不是朱砂，只是一种颜色形态上的比喻。天然红玛瑙的颜色都具有这一特征。

很多时候，有些南红的针状红点颜色特征肉眼即可观察到，微距照相即能观察拍照；而一些红色浓艳的南红品种，肉眼则观察不到针状红点，但在电子显微镜五十倍以上放大后，南红玛瑙的红色部分依然是由密集的小红色点构成，彼此独立开并且界限明显。一般情况下，"朱砂"点分布越细密，越大量聚集，南红玛瑙就会呈现出越红的颜色。

并不是所有的南红玛瑙都能肉眼观察到朱砂点，所以看不到朱砂点的南红玛瑙不一定是假的。一般凉山九口等区域的优质南红原石产出的南红色泽纯，质地好，所以这些地区南红玛瑙朱砂点一般肉眼是看不到的。而像保山部分地区和凉山联合产地的部分南红，"朱砂"点就比较明显，一般在光线下照射肉眼都可以看到。因此，朱砂点是南红玛瑙的一大特性。

我们通过研究八组不同颜色质地的南红玛瑙器物，分别观察在常光和透光照射条件下的朱砂点分布与颜色的相关关系，由图 A 一直到图 H，可

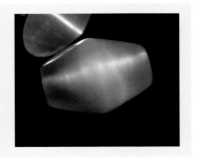

● A 冰飘朱砂点琥珀色南红玛瑙勒子

云南保山料，直径 8.2 ～ 14.3 毫米，孔到孔（高）19.5 毫米，重 5.36 克。

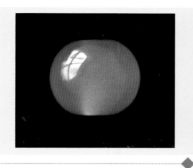 

- B 满朱砂冰粉南红鼓珠

  云南保山料，直径 13.1 毫米，孔到孔（高）11.6 毫米，重 2.98 克。

- C 冰地朱砂红勒子

  云南保山料，直径 11.3 毫米，孔到孔（高）18.2 毫米，重 3.42 克。

 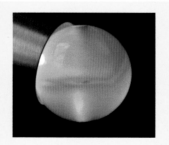

- D 朱砂水红，偏琥珀色南红玛瑙圆珠

  云南保山料，直径 19.5 毫米，孔到孔（高）19.4 毫米，重 10.00 克。

以发现，除了印证南红玛瑙的颜色直接是由朱砂点造成的而外，一个新的认识是，随着朱砂点的数量增多，聚集加密，南红玛瑙的透明度将逐渐降低，透明度的降低会导致玉石本身光泽的改变。玉石光泽将逐渐由透明的玻璃光泽向半透明、微透明的蜡状、油脂光泽改变；此外，另一个认识是，朱砂点的形成都位于透明度好的"冰地"条带部位，而像在红白缠丝或红白料中，朱砂点只形成存在于透明度好的"冰地"的二氧化

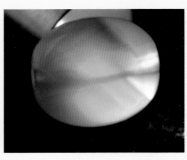

● E 酒红色南红玛瑙珠子

云南保山蒲缥镇南红玛瑙（新矿）。

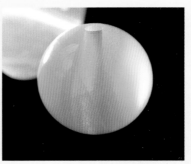

● F 水红偏琥珀色南红玛瑙圆珠

云南保山料，直径 14.0 毫米，孔到孔（高）13.6 毫米，重 3.73 克。

硅凝胶中，而在乳白色半透明的质地条带中，是不能形成朱砂点聚集的部位，这与凝胶分带的热液成分以及温度、压力有关。乳白色条带本身不形成朱砂点这一事实，也证实了透明度好的"冰地"是朱砂点形成存在的有利部位，因此，质地的变化同朱砂点的聚集程度直接相关。在下面的内容里，还将进一步阐述。

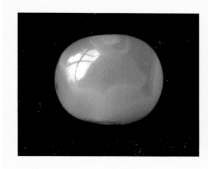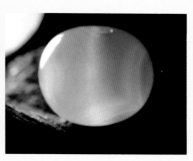

● G 缠丝水红南红玛瑙鼓珠

云南保山料，直径 13.5 毫米，孔到孔（高）11.6 毫米，重 3.15 克。

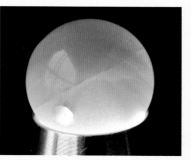

● H 樱桃红红白料南红玛瑙圆珠

云南保山料，直径 17.05 毫米，孔到孔（高）16.94 毫米，重 6.81 克。

⊙ 构造特征

南红同其他品种的玛瑙一样，具有条带状构造，但南红的条带状构造表现相对单纯，主要呈现红白缠丝，红白条带，不同深浅的红色条带特征。

一般情况下，一块单一的南红玛瑙原石均具有或多或少的条带状构造，在个别条件下，某些小尺度范围观察，呈现均匀的块状构造。南红玛瑙条带状构造的形成与玛瑙的形成封闭储藏空间形态、热液中铁元素的浓度、形成环境的温度压力变化等密切相关。

南红玛瑙的条带状构造经常会或多或少存在，即便在颜色均匀、红色浓郁的优质南红玛瑙中，仔细放大观察，在某些部位一般均能发现条带状的构造，但在较小尺度或者颜色高度均匀时则不易观察到条带状构造，南红的纹理色带在形态上经常十分锐利，几乎所有的纹路转折时候都会有明显的角度，给人一种清晰鲜明的感觉，当然，这与南红玛瑙形成时所处的构造空间、环境、结晶凝结速度有一定关系。

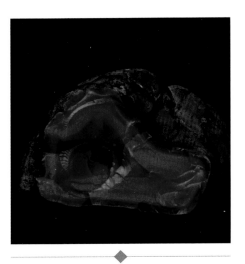

● 原矿南红玛瑙的条带状构造

九口包浆料，重 485 克，市场参考价 1300000 元。

● 红白料南红玛瑙俏色挂件

四川凉山南红，苏工，由深浅不同的细密缟红纹到细密的红白缠丝再到红白条带的不同变化特征构成。

⊙ 质地结构特征

南红的质地不同，显现出的光泽也不同。优质南红，结构细腻，半透明到微透明，油脂光泽，显现出浑厚脂感和柔美温润，这正是古人眼里上等美玉才有的"质厚温润"，"体如凝脂"。

古人对"玉"的认识和理解极其深刻，"玉"在华夏数千年历史文明中占有重要位置。各个历史时期的玉文化及其制品在人类历史进程中犹如一个个坐标，一座座丰碑，准确记录着华夏大地的社会发展和进步。君子比德于玉，玉有五德，玉融入了人们的生活，规范着人们的行为操守，也激励鞭策着人们奋发有为。

在独尊和田玉的历史中，古人并未故步自封，固执保守，而是海纳百川。当这种具有胶质感的符合"玉"的审美标准的南红玛瑙一旦出现在古人面前，温润细腻的质地，鲜活吉祥的颜色，自然会受到古人推崇，因此也就有了赤玉之称。所以，南红玉器中，质地是非常重要的一个特征，也是南红玉质材料优劣的重要标准。

质地细腻、润泽而不水透，抛光后有类似和田玉的油润感。光线照射在上面，会有种朦胧而炫目的感觉，如绸缎一样流光溢彩。这样玉质感极

● 南红玛瑙封侯拜相把玩件

四川凉山南红柿子红，玉质细腻温润，重 121 克，市场参考价 75000 元。

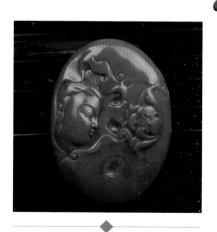

● 南红玛瑙持莲观音雕件

柿子红玫瑰红，苏工。

27

● 南红玛瑙飞天牌

质地温润细腻，四川凉山料，苏工，重 50.7 克，市场参考价 118000 元。

强的南红玛瑙，被称为"赤玉"、"红玉"，确实是有它的道理。

　　南红这种温润细腻的玉一般的感觉，是南红独有的特征，业内也叫胶蜡质感，这是南红与其他类别的玛瑙视觉感官上的差异。通常而言，夺人眼目的红色，往往带给人们的是欢快、跳跃、炎热的动感，是一种极具奔放的热情表露；而谈到玉，更多的是温润、柔和，带给人们的则是一种宁静、柔美。二者相提并论，似乎风马牛不相及，好似会有巨大的反差，一动一静，很难把这两个截然不同的感官视觉融在一起。但是，南红却将近似于妖艳的红色与朦胧细腻温润的玉石质感，浑然天成地融合在一起，将视觉上的炎热与温润、感受上的奔放与宁静不可思议地交织为一体，这就是大自然的巧夺天工！

● 柿子红南红玛瑙雕仿古手牌挂件

满肉满色柿子红，重 19.3 克，市场参考价 16500 元。

当然，并不是所有的南红玛瑙都具有明显的"玉"质感觉，像凉山联合料还有保山的部分南红，透明度较好，有种冰透的感觉，玉质感不强烈，如冰粉、水红、冰飘、樱桃红等品种就是。

同样是玛瑙，那为什么南红玛瑙中会有玉质的感觉呢？我们通过前述对柿子红、樱桃红、红白料、冰飘、水红、冰粉、酒红等南红玛瑙的主要颜色系列的微观观察研究，可以看出，构成南红玛瑙颜色的朱砂点的大小、多少、聚集程度、聚集方式等不仅对南红玛瑙的颜色具有直接根本的影响，而且它实际上也是直接影响南红玛瑙质地的绝对因素。

从不同质地的颜色类型和颜色的深浅浓淡变化可以发现一个基本事实，就是由没有朱砂点时的纯冰地，到朱砂点逐渐增多的冰粉、水红，到冰飘、樱桃红，再到柿子红，透明度逐渐降低，玉石光泽逐渐由玻璃光泽转变成蜡状光泽、油脂光泽。

造成这种玛瑙质地结构上的变化，正是由于朱砂点含量的多少以及朱砂点的大小的不同导致的。随着玛瑙质地中朱砂点的增多聚集，朱砂点对入射光的反射和折射将产生变化，随着聚集程度的加大，朱砂点逐渐遮挡了入射光的方向，射入玛瑙表面及内部的光线又在相邻的朱砂点之间折射反射，造成玛瑙透明度逐渐降低，因而不再产生玻璃光泽。而朱砂点颗粒结构越细，聚集程度越密集，则玛瑙的油脂光泽越好，这就是南红玛瑙不同于普通玛瑙一般具有的玻璃光泽，而呈现油脂光泽，从而呈现质厚温润、体如凝脂的细腻"玉"感的主要原因。

南红的分类

　　南红玛瑙原料因产出地质环境不同，热液成分差异，矿液的储存空间区别，呈现出不同的外观和颜色。对南红玛瑙的颜色分类，并没有相关的国家标准。从这些年的业内实践看，在南红主要的颜色类别认识上，应该大体是一致的，虽然在颜色的基本特点和认识上存在一定差异，但并不影响人们的交流沟通。

　　在市场实践中，很多人往往疏忽了一个基本问题，那就是南红的颜色类别绝不仅仅是单纯颜色的机械划分，这一点对于刚刚接触南红玉器的鉴赏者来说尤为重要。实际上，南红颜色的划分类别是含有玉石结构质地特征的。相同的颜色在不同的质地上，带给人的视觉感官特征是有差异的。故本文摒弃了单纯的颜色类别划分，而是强调了颜色－质地划分，这比较符合市场实践。综合云南、甘肃和四川多地的南红玛瑙的颜色结构特点，南红的颜色质地类别主要有锦红、柿子红、玫瑰红、樱桃红、朱砂红、冰飘、冻料、水红、冰粉以及红白料、缟红料、黑红料等。

⊙ 锦红、柿子红

　　锦红是南红颜色的最高级别。对于大部分人来说，锦红究竟是什么样一种红，肯定是一头雾水，业内也存在一些争议或模糊的认识。锦红，作为南红里最高级别的颜色类别，一般认为锦红是以正红、大红色为主体，其中也包含一部分柿子红。这一认识虽然基本上是没有问题的，但对大多数人而言，是含混不清、模棱两可的，甚至是十分纠结难以理解的表述。因为一个锦红又生出正红、大红、柿子红，似乎更难以领会了。实

● 锦红南红玛瑙文殊菩萨挂件

凉山料，邹小东作品，市场参考价78000元。

● 锦红南红玛瑙君临天下手把件

凉山包浆料，重 125 克，市场参考价 220000 元。

● 锦红南红玛瑙观音挂件

瓦西新坑料，重 45.5 克，市场参考价 260000 元。

际上，这正是忽视了南红颜色分类中的质地结构因素。在《格古要论》中，有"锦红花者谓之锦红玛瑙"，这应该是锦红的出处。其实，锦红不仅是对南红色彩的表达，而且十分贴切地表述了质地的绝美。它准确表达了红色的艳美华丽，贴切描述了高品质南红质地具有"玉"的温润细腻的特点。

"锦"字本意指"织锦""锦缎"。 这里的"锦"除有色彩鲜艳华美的比喻，也有质地细腻柔滑舒畅之意。比如"锦衣玉食"，用"锦"来形容衣服的奢华美丽，它绝不仅是指的单方面的颜色美丽，而且还有对衣服材料的赞美。这样的解释相信几乎所有人不持异议。回到"锦红"的意思，那就是红艳亮丽的颜色，加之细腻柔顺，丝滑致密的质地，珠宝光泽强，这是"锦红"用于对优质南红玛瑙颜色、质地的准确表达。

柿子红，顾名思义，是指柿子的红颜色，柿子红主色调以红黄为主，但可以察觉到黄色调。比较成熟的红柿子颜色及表面的皮肉质感与南红柿子红的颜色及温润细腻的质地感觉，虽是来自两类截然不同的物种，但颜色和质感竟是十分神似，所以柿子红名称很贴切，也是广为人知、易于理解的。

柿子红其色谱过渡较多，顶级柿子红中的黄色调难于观察到时即为锦红，但绝大部分柿子红多少都带有或多或少的黄色调。由于锦红颜色极为罕见，柿子红实际上成为了市场高端颜色的象征。也因为接下来讨论的优

● 柿子红南红玛瑙满肉关公挂件

凉山料，重 60.5 克，玉弘兴作品，
市场参考价 98000 元。

● 柿子红南红玛瑙观音挂件

极品柿子红，邹小东作品。

质柿子红与锦红的质地特征基本相同，所以柿子红也归入南红颜色的高端系列，并与锦红并列而成为锦红－柿子红类别。

为全面进一步理解南红颜色质地类别关系，需要了解南红的"肉"和"色"以及"满肉满色"的概念。"肉"和"色"以及"满肉满色"的概念是业内玩家在鉴赏实践中总结的颜色质地类型，结合这一概念就能更好地理解锦红、正红、大红、柿子红的区别和联系。

所谓"肉"就是特指打光不透明的柿子红，满肉就是 100% 的都是肉。但是由于南红颜色质地的变化，以各类型的珠子为例，绝大多数实际状况是两种颜色或两种以上的颜色及质地混杂共生在一起，比如柿子红和柿子冻肉，或者柿子红和玫瑰红，只要打光柿子红部位不透明，且占体积达 90% 以上，即可以视为满肉。满色就是颜色完全一致的意思，一颗珠子是一种颜色。比如柿子红和柿子红冻肉混合在一起，颜色均匀一致，就可以叫作满色。若是珠子上有透明冻肉部分，或者白线部分，都不能叫作满色。这里的"打光"是指阳光光源照射或者普通手电光源照射。前文所说的柿子红打光不透明，实际上是微透明，其特点是细腻、致密，打强光微透明，整体颜色变红，颜色比较均匀。

一些业内资深玩家认为，只要打光透的，再红艳的颜色，不能叫锦红。

这点很重要，这对我们最终准确定义区分锦红、正红、大红、柿子红提供了一个重要指标，锦红就是指艳丽的红色加不透光（实际为微透光）的细腻质地；而半透明至透明质地（打光透光）加艳丽红色，就是正红或者大红之列；柿子红分两种情况，一种柿子红是柿子红颜色加质地细腻打光不透（实际为微透光），另一种是柿子红颜色加质地冰冻打光透（半透明或透明）。

南红玛瑙质地细腻温润，红色均匀浓烈，打光微透。正常几倍放大，观察不到红色针点的颜色单元，说明组成南红玛瑙的颜色质点非常微小，细密聚集，光线进入时，这些密集的红色微粒质点阻挡了光线的直线通过，使光线在红色微粒质点之间相互反射、折射、衍射，从而造成了具有锦红和柿子红颜色质地的南红玛瑙圆珠在打光情况下微透明而呈现主体变红的状态。这种解释很好说明了锦红－柿子红颜色质地的类别划分是合理的，颜色既结合了质地特征，也反映了单纯颜色特征，切合市场实际。

锦红较难见，最多最著名的是柿子红。在市场实践中，一些规范的企业经营者根据柿子红"肉"的部分在南红器物中所占比例多少而分为 5A 体系，甚至是 7A 体系。以 7A 体系为例，7A 为柿子红最顶级，在 10 倍放大条件下难见瑕疵，颜色均匀，温润细滑，满肉纯色，肉占 100%，或者微带火焰纹，肉眼下正常视线几乎难以分辨色纹的；6A 为市场上绝大

● 柿子红南红玛瑙笑口常开佛摆件

凉山料，重 162 克，市场参考价 890000 元。

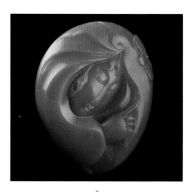

● 柿子红南红玛瑙观音雕件

苏工，重 17.1 克，市场参考价 8900 元。

多数认可的顶级货，肉在 90% 以上，肉眼可见火焰纹，丝纹难辨；5A 为肉占 85% 左右，肉眼可见不明显、过渡柔和的白色纹理和火焰纹；4A 为肉占 80% 左右，有明显白色纹理及火焰纹；3A 为肉占 50% 左右，带有不规则状飘花火焰纹；2A 为肉眼明显可见带有不规则飘花火焰纹。这种实际上包含颜色－结构划分的柿子红质量等级分类标准，在市场操作中有一定的参考意义。

● 柿子黄南红玛瑙弥勒佛笑佛牌

王明作品，市场参考价 14000 元。

⊙ 玫瑰红

　　玫瑰红颜色相对于锦红与柿子红，更偏带紫色调，整体为紫红色，色泽从艳丽到沉稳，质地半透明，胶质感很强。玫瑰红犹如它的名字一样，像红玫瑰一样浓郁艳丽。玫瑰红整体颜色偏暗，红中带紫，紫色偏重时尤显沉稳。质感比起柿子红要相对通透一些。常和柿子红混在一起。好的玫瑰红颜色也很艳丽，质地比较透，半透明状，所以，肉眼观察看着有点水，有点透，珠宝光泽比较弱，打光后体色是浅的紫红色。玫瑰红过去少有发现，四川凉山南红矿中有一定量的出现，主要出自瓦西矿口，曾经一度价格走低，现在紫红的品种价格也很高。

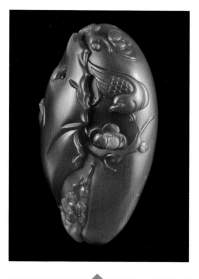

● 玫瑰红南红玛瑙喜上眉梢手把件

凉山川料，张小洋作品，市场参考价50000元。

　　质地纯正的玫瑰红也是较为少见的南红品种，特别是在较大体量尺度上，纯玫瑰红的雕刻件作品极少，一般多是玫瑰红和柿子红两种颜色质地，或者玫瑰红和樱桃红等颜色共生混杂在一起。两种颜色所占比例不同，比如有时以柿子红为主，有时以玫瑰红为主。当玫瑰红和柿子红分带或者分区域清晰的时候，则是进行俏色雕刻的选材，很多时候是不规则的柿子红和玫瑰红或玫瑰紫混杂在一起，品相繁多，各有特色，

● 天然柿子红南红玛瑙火焰纹吊坠

九口料，重111.8克，市场参考价19800元。

两者颜色形态上有如火焰燃烧，又似岩浆流动，奇妙无比，变幻无穷，这就是业内所称的"火焰纹"。柿子红为主体的火焰纹颜色组合优于玫瑰红为主体的火焰纹颜色组合。

⊙ 樱桃红

顾名思义，樱桃红南红玛瑙就像成熟的红樱桃的鲜亮颜色。樱桃红质地通透，颜色均匀。朱砂点是樱桃红南红玛瑙的一大特点，在高品质的樱桃红南红玛瑙中，一般情况下，肉眼难辨红色的"朱砂"，10倍以上放大条件下非常清楚。有时即便肉眼亦可见朱砂点，樱桃红的朱砂点呈现密集聚集的状态，且分布均匀。

樱桃红缺乏胶质感，经验丰富的藏家一眼就能鉴别出来。樱桃红供给以四川联合出产的南红为主。联合的南红玉料属通透玉料，水头足，晶体非常细腻，现在市场大多极品樱桃红即来自那里。保山产出的南红玛瑙中也有属于樱桃红的品种，但是数量非常的少。保山樱桃红与凉山樱桃红色

● 樱桃红南红玛瑙佛挂件

重35克，市场参考价38000元。

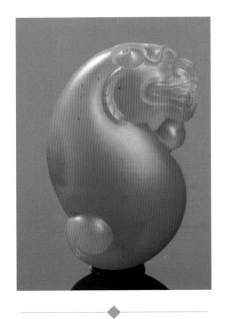

● 樱桃红南红玛瑙一鸣惊人雕件

联合料，苏工，市场参考价4500元。

● 朱砂樱桃红南红玛瑙瑞兽龙鱼雕件

联合料，苏工，重8.7克，市场参考价7200元。

泽基本一样，两者细细观察也存在一定的区别。保山的樱桃红继承了保山南红的特点，质地细腻，通透性好，具有一定的油脂光泽，在共性上保山樱桃红与凉山一样，有些会有很明显的肉眼可观察到的朱砂点，保山的樱桃红多裂。

　　樱桃红色泽明快，透明度高，水头足，润度高，打灯看或者对着阳光看，没有玛瑙纹，质地均匀、纯净，是制作戒面的最佳选择。在珠宝首饰中，戒面是属于比较高档的饰品，对颜色、质地、透明度、形状、包裹体、裂隙缺陷都有着很高要求。只有那些颜色亮丽，质地均匀，裂隙无或少的稀有材料用于戒面的磨制。优质的樱桃红南红具备了这样的条件。极品的樱桃红戒面要求朱砂点呈雾状，细而绵密，但不能有缟线、裂纹、包裹体、白棉之类的瑕疵。樱桃红质地水透光亮的特点非常惹人喜爱，其价格也在不断高升。极品樱桃红南红玛瑙雕件甚至每克达到几千元，而极品樱桃红南红玛瑙戒面甚至出现一克万元以上的价格，其受欢迎程度可见一斑。

● 樱桃红、水红南红玛瑙莲花香插

联合料，重 7.3 克，李栋作品，市场参考价 8800 元。

● 樱桃红南红玛瑙龙凤呈祥勒子

南红玛瑙大号勒子，李栋作品，市场参考价 80000 元。

南红玛瑙等级对比

南红玛瑙的各个类别的分级问题，目前在市场实践中仅有柿子红、玫瑰红的类别存在分级的实践意义，因为它们也是市场上经济价值较大的部分，操作起来相对容易，但也仅仅是行业间的参考，不同的企业分级的标准也有很大差别。本文以 7A 的分级标准阐述，是对比参考了市场上一些

	7A （满肉满色）	6A （市面上普遍意义的顶级）	5A （肉占 85% 左右，有不明显的过渡柔和白色纹理和火焰纹）
柿子红			
玫瑰红			
樱桃红			

重要的商贸企业分级标准之后引用说明的。但 7A 也好，5A 也好，分级得过细或太粗都需要市场日后的检验。

而其他诸如樱桃红、朱砂红等类别的分级，从现在原料市场和成品市场看，分级并不成熟，对市场的指导意义不大。南红玛瑙不同类别的分级实际是一个价值分级，对于不同的类别，一个总的价值指导原则是，红色聚集点越多、越密集，颜色越红，透光度越减弱，那无疑这个类别的分级就越高。

4A	3A	2A
（肉占 80% 左右，有明显白色纹理和火焰纹）	（肉占 50% 左右，带有不规则飘花状火焰纹）	（肉占 30% 左右，白肉明显带有不规则飘花火焰纹）

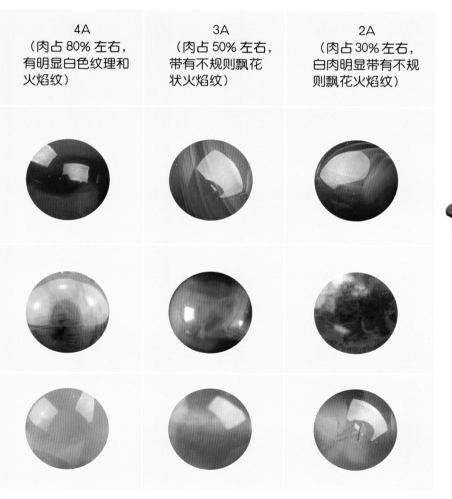

⊙ 朱砂红

朱砂红的特点就是它的颜色——"朱砂"点比较明显，红色主体肉眼可以明显看见由细小朱砂点聚集而成，颜色较玫瑰红淡一些。有的朱砂红也呈现出火焰纹近似妖娆的纹理，呈现一种独特的美感。"朱砂"红注重了颜色的形态特征划分。实际上，朱砂红的称谓经常用来称呼下述一些品种，如朱砂冰飘、朱砂水红等，只要是朱砂点明显肉眼可以观察到的，而且南红器物主要呈现朱砂点的颜色特点，都可以叫朱砂红。

● 朱砂红南红玛瑙花鸟吊坠

凉山联合冻料，苏工雕刻，重17克。

⊙ 冰飘

冰飘是南红玛瑙系列里十分独特的一个品种。它的完整叫法应该是"冰地飘红"南红。冰飘是一个很形象的称谓，是指在近似透明－半透明的近无色的冰透晶莹玛瑙基底中，铁质"朱砂"点呈云朵状、片状、不规则条带状聚集分布，红白两色形成鲜明的对比，形态变化万千，饶有韵味。"冰地"一词本自源于翡翠的质地称呼，原意是指翡翠基底比较淡或者无色，透明度高，给人晶莹如冰的感觉。南红"冰飘"借用翡翠这个名称比较贴切，"地"是载体，也可以说是底色基底，"冰地"玛瑙，透明度好，颜色近乎无色或淡雅微白、微紫等，清澈透明，晶莹如冰，而红色就"飘"在这样如冰的基底里，这冰透晶莹的白色或无色与飘悬其中的红色形成鲜明的对比，绮丽多姿，展示了一种水火交融的天然美景。每一块冰飘，都带着自己独特的韵味。

此外，冰飘还有一个特殊类型，叫作冰地飘花。在晶莹如冰的底色上，飘浮着些许红色天然形似花朵或叶片、小草形状的图案，图案清晰、干净，

- 冰飘南红玛瑙莲花观音雕件

  凉山南红玛瑙，重20克，邹小东作品，市场参考价6500元。

- 冰地飘花南红龙腾盛世雕件

  凉山南红玛瑙苏工精品，重43.4克，市场参考价8500元。

红白对比分明，这就是冰地飘花南红。这类冰地飘花南红也常被做成戒面、各种形状的珠子、吊坠等饰品。

目前南红玛瑙市场上大家比较追捧的多是纯色、质地温润细腻的品种，相对而言，冰飘南红的价格整体还不是很高，质量参差不齐。但是冰飘南红玛瑙中的红色图案形状如果俏丽多姿，形态赋予想象，形似神似某些事物，就将成为优质的冰飘南红，价格就会相对高。目前冰飘南红已经引起很多藏家的关注，相信在未来，优质冰飘玉器会有很大的升值潜力。

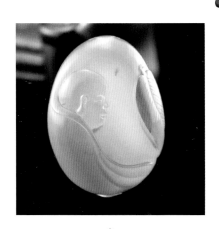

- 冰飘凉山南红玛瑙叶菩提佛挂件

⊙ 冻料

南红冻料的概念业内不完全统一，有两种认识。以苏工为代表的雕刻工艺界，对南红冻料的理解是，南红冻料一般是指那些有着红白（白色有时其实是接近无色，以下同）两种颜色质地的南红玛瑙品种，而且南红冻料的白色部分和红色部分融合在一起，红白两部分边缘相互交融，没有比较清晰截然的界限，白色部分透明度高，经常是半透明或者透明的状态，没有杂质等瑕疵，看起来就好像是南红玛瑙的外部结了一层冰，所以人们就把这种南红玛瑙料子称作南红玛瑙冻料。南红玛瑙冻料质量的好坏取决于该料子的红色部分，通常质量较好的南红玛瑙冻料红色部分既红润又饱满，十分美丽，冻料白色部分的通透性好，干净无瑕。

而一些南红材料玩家对冻料的理解是，冻料是指具胶质感，细腻，半透明的玛瑙，可以有很多种颜色。冻料也称冻肉。比如荔枝冻，就是带点肉色的感觉；柿子冻，就是柿子红的颜色，但是打光基底是透明的。柿子

● 冻料保山南红玛瑙轻歌曼舞牌

　重 38 克，市场参考价 5500 元。

● 冻料凉山南红玛瑙飞鸿花鸟吊坠

　李栋作品，重 10.6 克，市场参考价
　8000 元。

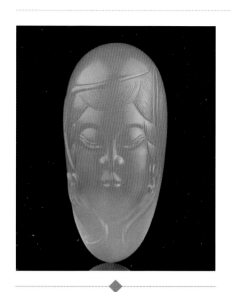

● 冻料凉山南红玛瑙仕女吊坠

李栋作品，重23.5克，市场参考价30000元。

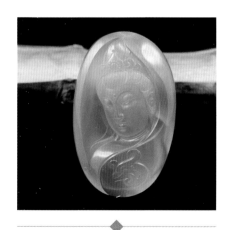

● 荔枝冻南红玛瑙慈悲观音雕件

陈红卫作品，重51.8克，市场参考价50000元。

红和柿子冻组合在一起时，可以叫作满色。白冻，就是白色冻肉！

从以上对南红冻料的两种认识可以看出，两者包含的内容不同。前者强调了红白两种颜色的同时存在和白色部分的细腻半透明的质地；而后者虽然对颜色没有限定，可以是无色、白色、微紫、微灰，也可以是全红，但也主要是强调了材料的质地，强调的是红色部分之外的区域，考虑到这种质地划分也是基于红色南红玛瑙的基础背景，因此两者本质是相同的，只是表述的方式有所差异。应该说，前者的表述更加符合南红原料的实际状态，对于准确鉴赏分辨南红有实际意义，其实质是南红原料或玉器制品只有带"红"时，其共生伴生的其他部分的质地区域才将与真正红色的南红原料融为一体，互为依存，价值也随之升高。也就是说红色是南红玛瑙的标志性颜色，没有它的存在，其他玛瑙材料质地的评价标准和价值会截然不同。

冻料与冰飘非常相似。共同的特点是玛瑙基底相同或类似，透明至半透明，晶莹剔透的"冰""冻"感觉，不同的是冻料红白界限不显著，两个部分是交融的，而冰飘则红白分明，截然突出。

43

⊙ 水红、冰粉

当南红质地透明度非常好的时候，当朱砂点分布较均匀时，颜色红润淡雅，就是诸如水红质地的品种，颜色更淡，红色调很浅时，只微微地感觉冰地上带微弱的粉色，就是叫冰粉的颜色。

● 水红、樱桃红南红玛瑙项链

冰飘、冻料、水红、冰粉这几种颜色类别，有时经常存在过渡类型，比如整块材料为冰飘时，局部可能有水红或者冰粉，冰飘和冻料的红色与冰种基底之间关系是一个红色截然，一个红色过渡，两者朱砂点分布则相对均匀，朱砂点分散细小。

⊙ 红白料

南红玛瑙中当两种颜色，即红色与白色相伴生，且红白分明，层次分明，清晰锐利，就是南红的红白料。红白料是南红材料里用作玉雕的重要品种，红白颜色非常分明的红白料属于优质玉料，但红白料南红产量稀少。与南红冻料比较，两者都有红色和白色两个部分，但是南红玛瑙红白料的白色部分色彩要比南红玛瑙冻料的更浓，通透性很差，为不透明状至微透明状，且红白料的红色部分与白色部分，界限十分分明，没有相互交融的特征。优质的红白料南红玛瑙白色部分为乳白色，没有杂质等瑕疵。一般来说，在辨别南红玛瑙冻料和红白料时，还是比较容易的。

当其中红白两色交替呈层密集分布时，称之为"缠丝南红"。缠丝南红不适合用于玉雕，由于缠丝较细密，使得颜色无法分离，玉雕设计创作的空间大大压缩，只适于小件的饰品，如珠子等。所以，缠丝南红在南红中是品级较低的南红材料。实际上与其他地区品种的缠丝玛瑙区别不大。这种南红玛瑙受的关注度比较低，但是其中一些色彩花纹都有极好表现的玛瑙，也是非常珍贵的。南红的红白料经常可见与缠丝南红料逐渐过渡的情况。

南红玛瑙冻料与红白料非常适合做俏色巧雕，这类材料通过雕刻艺术家精妙构思设计制作，红白两色俏色搭配，会变废为宝，创作出非凡独特的艺术精品。这是红白料的魅力所在。早在明清时期，红白料即是玉雕创作的重要原料，通过考察各拍卖市场的明清时期的南红玉器，可以发现，利用红白料的俏雕玉器，是那一时代的南红玉雕的重要品种，另有些红白料南红的白色部分经盘玩后，一些玩家反映会泛微微的红色，为南红的盘玩平添了一分神奇色彩。

● 红白料南红玛瑙福寿双全挂件

● 红白料南红玛瑙太虚幻境牌

● 红白料、柿子红、玫瑰红三色俏雕南红玛瑙连年有余挂件

● 红白料、柿子红收藏级南红玛瑙摆件
凉山州美姑县九口料。

⊙ **缟红料**

缟红料是一种有着深浅不同红色纹理的南红玛瑙，因其深浅不同的红纹变化，有些和红缟玛瑙纹理的交织状态相类似，所以被称为缟红纹南红。与红缟玛瑙不同，缟红纹南红，以红色系为主体，整体有着不同深浅的红色纹理，但无红色外其他颜色。整体或局部红色纹理交织，润泽感好，透光性佳，视觉上浑厚润度好，但无瓷感。综合来说南红缟红纹以颜色为红色单系为特征。缟玛瑙是指一种红、蓝灰、灰、黄等颜色纹理交织的玛瑙，通常瓷感好，通透度不是很高。这其中带有红色的缟玛瑙称之为红缟玛瑙。红缟玛瑙基本都是两色或多色纹理相交织。常见的为红、黄、蓝灰纹理交织。具缟红纹的南红玛瑙主要产自四川凉山地区。

◆

● 缟红料南红玛瑙原石

⊙ 黑红料

　　黑红料是相对比较少见的南红原料，产地有四川凉山联合和云南保山。高质量的为半透明状，会出现油润细腻的感觉。黑红料制成的南红器物，

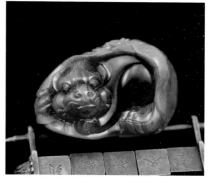

● 黑红料南红玛瑙鸿运当头把件

　　一料所出，九口灰黑底冻料俏色巧雕，重35克（卧姿），重65克（站姿），市场参考价28000元。

● 黑红料南红玛瑙巧雕藏传佛教财神吐宝鼠摆件

　　李映峰作品，重169.8克，市场参考价80000元。

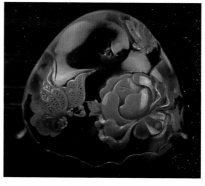

● 黑红料南红玛瑙瑞兽摆件

顶级联合料樱桃红与黑色料，完美设计巧雕，精巧无比，无瑕无裂。

● 黑红料南红玛瑙蝶恋花挂件

　　皮宁作品，重57.91克。

如果设计精妙得体，会展现非常美的艺术效果，也是巧雕的上选材料。但因产出少的原因，黑红料的南红玉器，特别是设计、制作艺术水准高的作品在市场还是不多见的。与黑红料接近过渡的还有灰红料，指红色之外的玛瑙基底颜色呈现灰色、深灰色、灰黑色，这些品种可以看作黑红料的部分。

需要指出的是，这里的黑红料中的黑色玛瑙，与含铁元素的红玛瑙是同一地质时期形成的，而不是指其围岩部分。一些玉石雕刻家为突破创作的瓶颈，为最大限度地利用南红，创作新颖的作品，经常别出心裁，会利用南红玛瑙的围岩设计制作南红玛瑙作品，有些也会达到很高的艺术水准。特别是保山南红，开采时为获取宝贵的南红原石，经常连同周围的黑色围岩一起采出，这种连带围岩的南红玛瑙与这里讨论的黑红料不属于同一个概念，此外，凉山的九口包浆料有时也会利用外皮做文章。

● 黑红料南红玛瑙吉祥挂件

54.5 毫米 X36 毫米 X22 毫米

凉山联合料，苏工，市场参考价 5000 元。

● 黑红料、樱桃红南红玛瑙观音挂件

市场参考价 24800 元。

⊙ 纯白料

　　纯白料是以白色为主体的玛瑙材料，因其纯白色也被玩家们称为南红白料。个别白色南红材料会带有天然缠丝，纯乳白色主体与半透明－透明的无色或近无色条带平行，缠丝形状各异，异常美丽，充满魅力和时尚，十分漂亮！设计得体会有非常精美的艺术感染力。在实际的市场交易中，单独纯白料用于雕刻制作器物的情况非常少见，其也是因为优质的纯白料比较罕见。

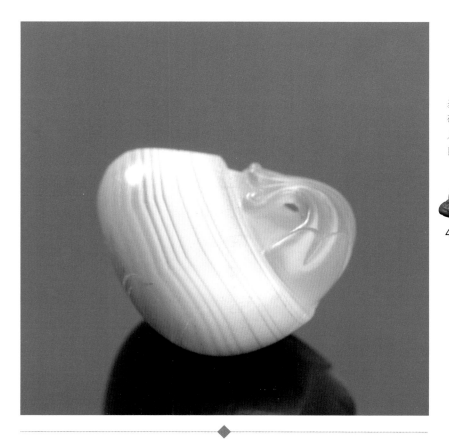

● 纯白料南红玛瑙雕件

　　重9.6克,市场参考价4000元。

⊙ 其他的颜色-质地类别

在上述主要的南红颜色－质地类别中，每个类别的颜色都有一个很大的范围，比如柿子红。当柿子红接近锦红时，其黄色调处于最少的状态，而当它接近柿子黄时，红色调逐渐减少，黄色调逐渐增多。这样，柿子红的红色的鲜艳程度、浓度都会有一定变化，市场实践中也确实是这样的情况。

南红玛瑙除存在颜色的变化范围外，还有一些特殊的颜色。比如，盐源料中上好的深玫瑰红和浅水蓝绿两色同时出现，巧妙构思设计往往会出精彩的艺术作品，盐源的这种颜色－质地类型创作出的作品非常新颖，给人一种赏心悦目的感觉，也属于川南红中的名贵俏色品种。

此外，偶有罕见的一些近似北方战国红的颜色－质地类别，即在南红玛瑙中出现了黄色或黄绿色，当然这样的品种仅是极少数。但说明凉山地区的玛瑙资源品种的丰富，也在某种程度上反映了川南地区玛瑙成矿的地质条件的差异，也说明凉山地区玛瑙资源分布范围比较广。不同颜色－质地类别的出现，对于凉山地区南红玛瑙资源的勘察具有重要意义。

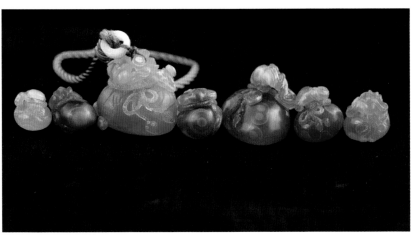

● 保山南红玛瑙代代有钱雕件

杨柳琥珀料，天眼俏雕钱袋，寓意代代有钱。

• 保山新开发的橘色南红料手镯

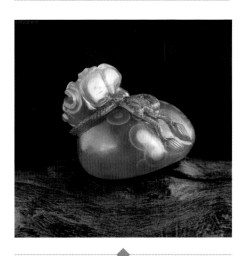

• 琥珀料南红玛瑙代代有钱雕件

少见的南红玛瑙琥珀料，保山南杨柳乡，重27克，市场参考价3700元。

保山地区的琥珀色品种，橘色品种也是比较特殊的颜色－质地类别。

从南红玛瑙颜色整体的特征看，颜色相对单一，以深浅不同的红色系列为主。市场实践中单件玉器呈现单纯的锦红非常罕见，最常见的是柿子红、玫瑰红、柿子红玫瑰红两者混合的火焰纹、樱桃红、冰飘、冰粉、水红、红白料、红白缠丝等颜色－质地类别，在同一件器物上很少看到理论上的单纯的颜色，或多或少都夹有一些深浅不同的色带。仔细观察，经常可以发现玛瑙的条带状构造，这些条带有时就会显现颜色的细微变化。当然，在小尺度范围内会出现纯色的品种，例如直径小的南红圆珠类、小的挂件器物等。

在云南和四川的主要南红玛瑙类别中，有时还有共生伴生的其他岩石矿物类别，其中主要是水晶。与南红伴生的水晶经常是微晶石英，感觉像是冰，透明，一点胶感没有，带有放射状的棉，像是冰碴的感觉，在南红玉雕中可以俏色利用。

● 南红玛瑙荷叶仕女摆件

杨小荣 2014 年作品，重 250 克，市场参考价 65000 ～ 90000 元，成交价 92000 元。

南红的产地

南红产地近代以来主要是三地，即云南保山、甘肃迭部以及四川凉山。南红原料因地质环境不同，质地、矿态也不相同，不同的地质环境下呈现出不同的材质外观。根据南红原料的产出位置一般可分为山料南红、火山南红、水料南红。

山料南红：是从山上开采的南红原生矿，外层呈不规则棱角块。这种材料一般用炸药爆炸开采法发掘，因此浪费很大，破坏性较强，造成原料存在大量的绺裂。山料一般块度较大，并带有一定的围岩。

火山南红：是山体矿脉的南红材料通过火山喷发的形式呈现为蛋形状态原石，通常外层由于经过火山的高温灼烧，有深棕色至铁黑色的外表皮，表面既有光滑平整的，也有坑注麻面的。其材料相对完整，有相对红艳甚至紫红的颜色出现，目前相对完整无瑕的南红玉雕作品多以该材料制作。

水料南红：它是南红原生矿在自然界长期风化的作用下，剥离为大小不等的碎块，崩落在山坡上，再经冰川、泥石流、河水的不断冲刷、搬运而形成的光滑的鹅卵石形态，并由河水（洪水）带到山下的现代和古代河床中。其形状各异，相对个体较小，完整度较好。

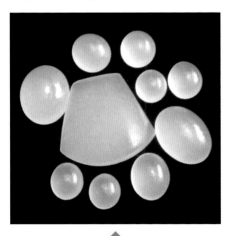

● 保山冰种玛瑙戒面

● 保山南红玛瑙红白料摆件

⊙ 滇南红

云南保山地区是我国传统的南
红玛瑙矿源采集区，这里的滇南红
采掘利用历史久远。二十年前，云
南保山红玛瑙矿源区再度开采出南
红玛瑙，但由于资源少、开采困难、
优质原料罕有等因素，当时并未得
到足够的重视。之后，随着其他新
区域南红玛瑙的发现带来的刺激，
人们又投入大量人力物力去寻找新
的矿源，保山南红才逐渐换发生机。
2009 年，云南昭通地区在一次修路
过程中偶然发现了南红玛瑙材料。
这一信息很快传播，随之又在区内
多地陆续发现了新的南红资源。昭
通地区南红的发现增加了滇南红新
的矿源基地，为古老的品种注入了
新的血液，延续着滇南红新的传奇。

保山南红

保山南红，两个主产区为杨柳
乡和东山。通常，杨柳乡被认为就
是《徐霞客游记》中记载的南红产
地。其实保山四面环山，所有的环
山上都有南红产出，只是以杨柳乡
和东山为多。杨柳乡在保山西面，
南红料多夹杂在玄武岩中，品质较
好、色艳完整。东山位处保山之东，
包含了几个乡镇的几十个大小不一
的坑口。东山所出的南红料是在泥
土沙砾层里的，但是又不像川料呈

● 保山南红玛瑙精品原石
重 6 千克。

● 保山南红玛瑙优质玫瑰红原石
老料，重 4 千克，市场参考价 280000 元。

● 保山南红玛瑙原石
朱砂红料原石，重 46 克。

• 保山南红玛瑙深山访友山子摆件
杨柳料，满肉柿子红。

• 无裂纯天然保山南红玛瑙大摆件
121 毫米 X97 毫米 X53 毫米
柿子红。

椭球状。与杨柳料相比较，东山料绺裂比较多，完整度不高。以下是保山现阶段的主要矿点概况。

滴水洞：是保山南红产地中历史悠久的矿点，这个坑洞被当地人称之为滴水洞。滴水洞长期以来，实际上它是出产南红的最重要的一个坑洞。据当地的村民说，这个坑洞目前大概已经往里挖了 100 多米。曾经有一段时间，挖了几十米的时候，没有南红矿石了，近些年，人们继续往里探索，才又重新发现了南红原石。

滴水洞产出的南红玛瑙原石颜色最纯，价值最高，其中鸡冠红的原石料也很多，可以说早年收藏到滴水洞的南红作品都是非常有价值的。目前，滴水洞的矿源未必枯竭，只是由于地处水库附近，这座出产南红的"宝"山连同周围的其他山脉一起，构成了保山当地很大的一座水库的坝基，现已完全封矿。在距离滴水洞一公里远的地方，有产出杨柳老南红，颜色漂亮，仅次于东山老南红。

大黑洞：也是比较老的矿点，它紧靠滴水洞旁边，产出的南红原石种类较多，其中不乏质地优良的原料，如柿子红、水红、红白料等都曾产出过，目前也已经封矿。

冷水沟：多产小颗粒原石料，颜色较好，但是多带黑色缟丝，大多用

● 收藏级极品保山南红玛瑙柿子红手串

22～26 毫米

罕见巨版，重 162 克，市场参考价 79800 元。

于做珠子。

　　三眼井：南红"琥珀料"的产地，其中优质的原石料比较接近血珀的颜色，是做首饰非常好的戒面料。南红的最初玩家，多为白玉爱好者，白玉要求料子实，不能水透。所以很多透的南红，即便现在，反而被视为低档料。随着翡翠玩家进入，这类又透又红的南红，做成蛋面效果极好，逐渐被重视起来，这就是业内所谓的南红琥珀料，当然它并不是琥珀。

　　这类南红蛋面，不再追求柿子红，而是红中沉稳的色调，并且具有冰种翡翠质地的感觉。玻璃光泽的表面，在阳光下分外美丽。对珠宝首饰来讲，通透的质地对宝石首饰而言，绝不是缺点，相反它是价值的考量，有珠光宝气的质地，是难得的首饰好料，保山"琥珀料"南红类型中有红色调，黑红色调和黄色调等不同的颜色区间，当然以红色调为主的类型为珍贵。目前价格不菲，小的几百元、几千元可以买到，而大到过 25 毫米长度的成色好的，已达几万元。三眼井的琥珀料与凉山的樱桃红很相似。

● 保山杨柳料南红玛瑙原石

少裂纹满肉柿子红，重4.8千克。

● 典藏级保山老南红玛瑙项链

13～5.5毫米

极品柿子红，质地好，满红满肉，重104克，市场参考价89800元。

白沙沟：南红料品种有好有坏，变化较大，分布上零零散散，规模不大。

干仗：产出的南红以红白料居多，高档品质很少，这里的料子肉粗，石性重，但是少裂。

东山：保山市区东山上的矿点比较多，有老南红产出，这里产出的南红原石色泽好，质地酥松。一旦能产出整料，那就是上等好料。在南红制作上，东山的南红料如果磨串饰，一般做成勒子状的或异形珠，磨圆珠比较容易酥裂。虽然保山南红原石多裂，但是颜色上乘，多是柿子红、柿子黄等。

保山南红在地质成因上，主体为玛瑙化晶腺状玄武岩中的"玛瑙晶腺体"，即在玄武岩的岩浆喷发时形成的较大气孔里，被二氧化硅胶体充填其中，经后期脱水凝胶而形成生长在玄武岩内的原生"玛瑙晶腺体"。局部也有不规则脉状玛瑙脉。由于产自坚硬的原生玄武岩里，并且当时的地质成因复杂，地质运动剧烈，再加上开采时必须放炮，才能深度挖掘采出，所以矿石的裂绺较明显。但玉质细密、色泽鲜艳且水头足。

保山南红的块度较大，结构细腻，裂多料小，有"十南九裂"之说。

制作时，必须用切割的方法去岩石、去裂、剥净，甚至注胶，以便提高利用率。这种南红质地细润，呈微透明状，其中红色较突出的具有上等南红的品质但是料子利用率相对比较低。

　　保山南红的颜色系列中，柿子红为保山南红的基本颜色。新矿料中以粉色、粉红色相对较多，颜色明快，其中红白色材料可制作艺术性很强的巧色南红玉雕作品。过去一般认为，保山南红是南红玉雕的传统用料，颜色上乘，因缎裂较多，难以制作较为完整或较大形态的玉雕作品，罕有较完整的玉器作品出现。但是，近几年来，这种认识发生了变化。在保山当地经营南红的商户里，发现了数块质地颜色优异的老坑洞的南红原料，有的一块料子接近成人拳头的大小。更令人惊喜的是，在保山附近的山上挖掘出了特级的南红原料，最重者有 13 千克，还有不少几千克的大料，而且质地细腻油润，颜色鲜艳，更宝贵的是玉料结构致密，完整度好，裂隙少。这无疑为保山南红历史翻开了新篇章，仅从玉料的体量来看，已经超越了历史上南红用料最好的清朝时期。但总体看，保山料的坑洞规模不大，储量有限，市场的供给逐渐减少，可持续用料不容乐观。

● 保山南红满肉极品柿子红手串

直径 15 毫米。

● 保山南红玛瑙深水红料算盘珠

昭通南红

除保山外，云南滇东的昭通地区也出产南红玛瑙。2009年，当地在一次修路中偶然发现了南红玛瑙原石，2011年，当地的奇石收藏爱好者有意识地探寻南红玛瑙的形迹，从而逐渐受到人们的重视，此后的近三年中，陆续在昭通不同的区域发现了南红原料。

昭通地区的南红分布较广，鲁甸县、永善县、巧家县、昭阳区先后有十三个乡镇发现出产，其中永善和鲁甸是两个重要产区。昭通南红玛瑙一经出现，就以其色彩艳丽、温润深沉、质地细腻、花纹神秘、质感高贵、适合雕刻而吸引了各地宝石收藏爱好者和相关加工、雕刻、销售厂商的关注。

昭通南红中锦红、柿子红、玫瑰红、樱桃红、红白料、缠丝、冰冻都有上品。目前市场上以永善黑甲料居多，常见柿子红、玫瑰红、火焰红、荔枝冻、红白料等。昭通南红中尤其以线条分明的缠丝料、水透好的荔枝冻料和剔透梦幻的火焰纹最为富有特色，尤其是昭通南红玛瑙中天然的画面玛瑙、风景玛瑙、人物玛瑙灵动非凡，不由让人感叹大自然的鬼斧神工。昭通南红的储量不明，地质普查勘察工作欠缺，目前尚未进行有序开采。

三年来，昭通南红可以说是蓄势待发。在全国南红玛瑙市场价格一路上涨一路火热的势头下，昭通南红玛瑙以金沙江南红玛瑙、乌蒙山南红玛瑙甚至是凉山南红玛瑙的名称悄然进入了全国南红市场，并迅速获得了北京、苏州等地雕刻名家的青睐。昭通南红在本地还不为大众所熟知的情况下，却火遍了全国玉石界，北京、上海、江苏、重庆、南京、广东等地珠

● 昭通南红玛瑙吊坠

● 昭通南红玛瑙吊坠

● 昭通南红玛瑙智慧之眼吊坠

宝藏家、商家已经开始大量采购、收藏、加工和销售着昭通南红玛瑙，昭通本地的南红玛瑙市场也迅速地发展起来。昭通南红玛瑙的发现，犹如新的血液注入了滇南红的发展道路中，它将改写南红历史，为滇南红揭开新的篇章。

　　目前，人们对昭通鲁甸南红的关注较多，研究程度相对高。该区域矿源分布在古火山口附近，主体也为晶腺状玄武岩的"玛瑙晶腺体"，后经风化、剥蚀而散落于缓坡或开阔沟谷的残积、坡积的"次生矿床"。由于是次生的"残坡积矿床"，人们只需露天采挖即可获得，所以矿石的裂绺不明显。玉质细密，目前所见色泽不如保山所产者鲜艳，水头优劣都有。矿石有受流水搬运过程中被磨蚀的特征，故表皮较光滑。特征为直径 2 ～ 8 厘米的球状、椭球状玛瑙晶腺体，皮色为深肉色至浅棕褐色。大部分玛瑙晶腺体内夹白。

　　此外，一些老南红饰品，多是来源于哀牢山深处的少数民族百姓手里，一些商人前往收购。那里的人们，尤其他们的先人，以红为贵，以红为美，将珠子串做项链挂在脖间，将珠子缀在大块的布上披在背上，除装饰外，更是认为可以通神。

⊙ 甘南红

甘南红的存在最为久远，也最为神秘。关于甘肃是其产地，还是仅仅是集散地的争论一直到今天都未曾停止。但据业内人士考证，甘肃既是南红玛瑙最重要的产地又是集散地。

四库全书《博物要览》十二卷记·玛瑙·珊瑚记载，矿脉分布于甘肃以南的祁连山山脉东段，横穿内蒙古自治区至阿拉善盟接壤宁夏回族自治区。80年代中期，创建于1952年的北京首饰厂曾组织地质勘察，前往甘肃省甘南迭部县挖掘开采南红玛瑙，用于金银手饰镶嵌。因矿脉分散，储量稀少，加上当时国有企业的日益衰落，很快就停止了开采。

虽然我们现在对甘肃南红的历史了解不多，但此地老南红珠子却是非常的多，不由让人联想当年产出这些珠子的时候，这里曾经一度非常热闹的交易场面。依据现有的文史资料记载和仅存的藏传南红珠串显示，甘肃的南红产出主要靠捡拾，此地的原石大都裸露在地表，且这里原石多小块，料小，作品多以小件饰品为主，少有雕刻物件。

甘南红品质很好，致密度异常高，且色彩红艳，颜色通常在橘红色和大红色之间，色度浓厚。存世的大多是珠子串饰。表面有类似于戈壁玉一样的油脂层。年代久远则表面产生自然龟裂的风化纹理。现存世的甘南红

● 甘南红原石

胶质感强，油性好，属南红中的冰种料。重320克，迭部产甘南红。

● 甘南红原石

重240克。

老藏珠已经非常稀有，加之近几年南红市场火爆，价格相当昂贵。有业内专家曾在北京亲眼见到直径 14 毫米 16 颗完美品相的藏传甘南红手串，以 26 万元的价格成交！价格令人咂舌！说明品质异常之好！

即便是业内人士，可以说能够亲眼认识过甘南红的少之又少。据业内人士讲，随着南红市场的火爆，人们在甘南寻找南红原料的行动并未停止，有人在甘肃开矿探挖南红原料，有的已经挖了几十米了，但没有采出来具有商品价值的南红原料。实际情况是，目前市面上基本看不到甘南红。一般认为甘南红的质量是南红中最好的。甘南红中锦红玛瑙的比例较高，绺裂较少。甘南红只能在明清之前的老珠子中见到，往往可遇而不可求。

这里加一段插曲。就在本文成文以后，笔者在最后检查稿件的时候，曾多次在甘南红这个部分停留，总有一种遗憾，那就是迭部究竟存不存在南红的原岩。因为作为一名地质专业毕业的宝石工作者，没能亲自前往考察，总会有些遗憾，也就多了几分不甘，因此，时常在网上怀着侥幸试探的心理，寻找甘南红的任何蛛丝马迹。

应该说非常幸运，总算找到了网上关于甘南红原石的一幅图片，但无从证实它的真实性，也就不能确证它。随后又继续寻觅，终于在成稿前查到了来自迭部产地的最真切的报告！两份信息互相验证，真相终于大白，水落石出！迭部确确实实是甘南红的产地！迭部确确实实存在着南红原岩！

这份关键的第一手资料来自在甘南从事金属矿产资源开发十多年的张如萍先生。他比较详细地提供了迭部的南红玛瑙标本，对迭部南红玛瑙的产出特征进行了比较客观的描述。

正像以往人们对甘南红的描述那样，甘南红色彩纯正，颜色偏鲜亮，色域较窄，通常都在橘红色和大红色之间，也有少量偏深红的颜色。其中的雾状结构出现的概率较少。无论是红色部分还是白芯，都具有更好的厚重感和浑厚感。

甘南红的其他特性，一是料小，没有大料，现今发现的最大一块能做雕刻的料也只有 500 多克。二是裂多。

该区域的火山岩产于一条小的断裂带上，因此分布范围很小。火山岩岩性主要为安山岩、辉石安山岩、安山玄武岩、凝灰岩及火山角砾岩，而

● 甘南红原石

重 28 克。

● 甘南红原石

重 34 克。

玛瑙仅见于安山玄武岩中，且红色玛瑙又只有在很少的几条矿体产出。矿藏量的稀少，可能也是甘南红难见踪影的原因。在迭部境内也只有桑坝、洛大、代古寺等少数几个地方的藏民才有佩戴南红玛瑙。这也就从另一方面证明了甘南红产量稀少。

甘南红绝大部分是产于玄武岩的裂隙里，因此它的裂就多，储藏量就不大，也很难产出大料。

据张如萍先生讲，发现甘南红也是源于一个偶然的机会。刚发现的时候，他也想过开发这一资源。后来随着探矿工作的深入，发现储藏量太小。此地海拔高，气候条件恶劣，一年能生产的时间只有四五个月，交通又很不便利，全靠人背、马驮，并且这里又是生态脆弱区，破坏以后很难恢复。基于以上原因，后来就放弃了开发的念头。

十几块迭部甘南红原矿标本，以及清楚的甘南红矿床地质产状，对于说明甘南红曾经过往的辉煌，已经足够了，无须再多。

迭部确实是生产过高质量优质南红玛瑙饰品的产区。仅从目前发现的几十克、上百克，甚至是几百克的独立单一原矿，何止是仅能生产南红珠串饰品，它甚至可以制作较大体量的挂件、把玩件、小摆件器物。这就是迭部留给人们可以继续品味甘南红辉煌过去的自然遗产。

⊙ 川南红

2009 年，四川凉山彝族自治区川南红的发现具有划时代的意义。是南红市场真正爆红的最直接的物质支撑。它为市场带来了大量优质原料，颠覆了传统宝石学对天然红玛瑙价值的轻视，使南红这一独特玉石品种大放异彩，并奠定了其在宝玉石领域的应有的尊贵地位。

四川南红产自凉山彝族自治州，所以又称为凉山南红。凉山州地质结构复杂，境内高山、峡谷、河流众多，有着丰富的玛瑙资源。目前已知的发现玛瑙资源的县有以下几个：美姑、昭觉、雷波、盐源、金阳、越西、布拖、普格、甘洛。凉山南红多集中在美姑县与昭觉县交界处海拔 2000 ～ 3900 米高山地带。出产南红原矿的地段，与其他地段在地貌以及土壤上有明显不同。这个地区地形复杂，交通极为不便。开采时，大型挖掘设备无法使用，基本以人力挖掘为主。

业内公认的最好的凉山南红产自美姑县，最著名的几个产区也均在美姑，这里的南红业内也叫美姑南红。美姑县的 30 余个乡，发现南红资源的有 8 个乡，美姑南红是川南红的重要代表。

● 九口料南红玛瑙百年好合雕件

玫瑰红，重 28.9 克，市场参考价 90000 元。

● 西昌南红玛瑙原石

重 3.6 千克。

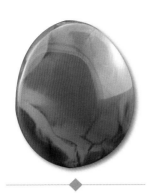

● 凉山南红玛瑙冰飘吊坠

重 52.9 克，市场参考价 3200 元。

● 凉山九口料南红玛瑙指日高升挂件

5.3 毫米 X4.6 毫米 X1.3 毫米 重 41.07 克，市场参考价 22000 元。

目前发现的最重要的几处南红产区分别位于美姑的九口乡、瓦西乡、联合乡、拉马乡、农作乡，紧挨着的昭觉县乌坡乡也是一个产区。因为矿所处地区不同，凉山南红根据具体产出地址业内称它们为九口料（产自九口乡）、联合料（产自联合乡）、瓦西料（产自瓦西乡）、拉马料（产自拉马乡）、乌坡料（产自乌坡乡）等。

联合乡：联合是从前的名称，现在这里叫洛莫依达乡。也是简单易记上口的原因，业内习惯上将该乡出产的南红叫联合料。此地位于美姑县境南端。海拔 2400 米，地势西南高，海拔 2860 米；东北略低，海拔 2210 米，属高寒山区。在地表及靠近地表的浅层有南红矿石蕴藏。这里是凉山较早的南红发现地。洛莫依达乡出产的南红颜色较为粉嫩，透光度普遍较高，有很好的水头，脂性相对较差。此地矿藏比较接近地表，材料完整度较差。基本以绺裂较多的材料为主，是感官、料性最接近现代保山矿南红的材料。联合料比较有特点，与其他几个矿口的南红玛瑙区别比较明显，市面上 70% 的戒面是用联合料制作的。联合料多为冻料或冰料，颜色为樱桃红、冰飘、水红、冰粉、橘色等，朱砂点分布较多，纹裂也较多。

九口乡：位于美姑县城西南。该坑口为著名的凉山南红出产地，业内叫九口料。是继洛莫依达坑口后最早发现的坑口之一。

● 凉山九口料南红玛瑙不动明王雕件

李映峰作品，重 209.9 克，市场参考价 400000 元。

九口乡出产的南红品质为最高。原石表皮厚，皮色一般如铁，多带土壤，颜色鲜艳丰富，色泽红润，多为柿子红和偏黄的柿子红色，常出满肉火焰纹，具有完整度高、少绺裂、质地油润等特点，且容易出大块料，是高品质大料的主要出产地。用其材料做的玉器完整度好，颜色红艳，最为收藏界认可。九口料分为柿子红、玫瑰红、火焰纹、冰飘、红白料、缠丝料等六大类。

柿子红是九口料中比较上品的材料，特点是细腻、致密、打强光不透光（实际是微透）。九口的玫瑰红，颜色是紫红色，顺光的时候不透光，但是看着有比较水透的质感，用强光手电打光，珠子呈现出半透明的粉紫色的质感；九口柿子冻，颜色是柿子红颜色，顺光的时候不透光，看着比较水，用强光手电打，颜色变淡。九口冰飘料，是透明色或者灰紫色"冰种"质地带深红或者柿子红的飘花。九口红白料，一块料子上有红肉、有白肉，打光基本不透明。九口缠丝料，呈现红色的底色上面有白色的花纹。

此外，九口料中还有一种"包浆料"。包浆料是南红玛瑙原石中的上品，一般体积较小，外皮光滑，胶质感极强，有流动感，就像文玩器物因多年的把玩而形成的包浆，因此得名。"包浆料"的石皮下通常有一层厚薄不一的猪肝色乌石，乌石之下则是颜色异常鲜艳、质感异常厚重的南红玛瑙（通常是柿子红，没有冻质和玫瑰红），因其皮色和肉色都非常好，所以可以直接做手玩石，也可以带皮雕刻，无论是原石还是用其做成的成品，稍加盘玩，就会越发艳丽。"包浆料"的致密度高于普通的南红玛瑙原石，上手有类似翡翠压手感。硬度也高于一般的南红玛瑙原石，切割的时候可以明显感觉到刀片在石头上缓慢地行走。同时，其粉尘的颜色也是红色的，遇水后呈现红的一片，说明里面富含金属物质。

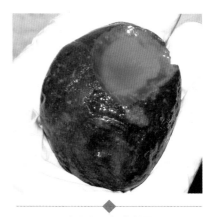

● 凉山九口包浆料原石

瓦西乡：位于美姑县境东部。该坑口是凉山南红产地中开采条件较差的一处，路况非常差，雨天根本无法从外部进入，乡村路尽头的地方到矿点只能步行，需要几个小时的徒步路程。瓦西南红玛瑙原石表皮多为黑色，紫红的肉，紫红肉的料子不会有脏，一般为纯净的紫肉。有些带有黑色沙砾。瓦西乡出产的南红颜色丰富，但颜色均一性较差，大多呈玫瑰红和不满肉的火焰纹，纯色柿子红非常少，但是一旦出现纯色柿子红，

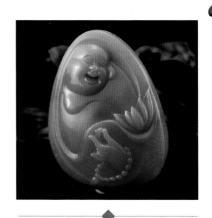

● 凉山南红玛瑙花开见佛雕件

极品瓦西料柿子红，刘鹏作品，重35.6克，市场参考价49500元。

● 南红玛瑙弥勒佛雕件

瓦西料，重64.2克，市场参考价100000元。

● 南红玛瑙收藏级观音雕件

瓦西新坑料，苏工，重37克。

不论其润泽度还是颜色的鲜艳度，经常会是极品。瓦西南红块度普遍很小。500克以上的原石出现概率很低，原石相比九口料脆一些，多裂，完整度较差。瓦西料最大特征就是干，没什么润感，和普通玉髓的质感一样。其开口处因为质地太脆，多有白色的裂片。瓦西料多产玫瑰红。

瓦西新坑，这个坑口是在九口等地封矿后于2013年下半年发现的，这里产出的南红玛瑙原石集合了九口原石和瓦西原石的优点，颜色红艳、少裂、皮薄、纯色原石比例高，玉质感很好。新坑南红原石表皮多为红色泛白，皮薄得就像没有一样，还是比较好辨认的。瓦西新坑曾经出产了一批顶级柿子红，从而使瓦西一夜扬名。

农作乡：农作较其他的产地色杂，缠丝多，红色多为深红色。

拉马乡：此地出产的多为草花和冰料，品质一般。

乌坡：位于昭觉县境东北部，该坑口是2011年上半年开始挖掘的新坑，乌坡出产材料的沉积层距地表较深，此地出产的南红材料颜色较均一、纯正艳丽，有较大的材料出品，但完整度较低。乌坡乡的分前山料和后山料。乌坡前山料，颜色如猪肝，色纯，裂多；后山料皮色似九口料，色如农作料，色纯。

美姑南红的外形看上去和马铃薯的造型很像。当地俗称南红蛋蛋，从外表皮粗细程度来说，有两种较典型的皮壳，一是光滑如铁的"铁皮壳"，二是相对粗糙的"麻"皮壳。铁皮壳的原石通常表皮较薄，肉质更细腻。麻面皮壳通常需要去掉较厚的外表皮才能看到里面润泽的肉质。凉山南红都是块状的，块度一般不是很大，较大者可达上千克到数千克，几十千克的甚为罕见。

凉山南红玛瑙按颜色可以分为锦红、玫瑰红、朱砂红、缟红、红白料。

不同颜色之间都存在着过渡色。这些色差可以用来区分它们品质的优劣。一般来说以红色纯正艳丽者为最佳，但它们的红色很少有完全一致的，有的偏黄色调，有的偏粉，有的偏紫。收藏者形象地称呼为"辣椒红""桃红""玫瑰红""冰糖红"等。这些比喻形象生动，从另一方面说明了南红红色系列的丰富艳丽。

● 纯色柿子红南红玛瑙仿古凤佩挂件

九口料，重 11.3 克，市场参考价 18000 元。

● 美姑南红玛瑙美丽俏佳人吊坠

王明作品。

● 南红玛瑙福满人间弥勒佛牌

极品瓦西料，侯晓锋作品，重 32.3 克，市场参考价 500000 元。

在地质成因上，美姑南红出产地距离古火山口较远，主体仍为晶腺状玄武岩的"玛瑙晶腺体"。经过长期风化、剥蚀、搬运而散落堆积于缓坡或开阔沟谷及古阶地里，赋存于由铁锰质半胶结的沙砾沙土层中，属于富含铁质、锰质的洪积、冲积次生砂矿床。由于是次生的沉积古砂矿，所以矿石的绺裂不明显，又受到铁锰质的长期水化浸润优化，致使南红玉色极为艳丽浓烈。玉质的细腻程度虽较保山所产者稍弱，水头偏弱，但具备艳丽浓烈的玉色，完整度好，这是任何其他产地都不具备的优势。此外，凉山南红的部分产地的峡谷小溪里产有小块鹅卵石状的溪料。

美姑南红的开采呈现出明显的季节性，每当农闲季节，九口乡地区的山民纷纷上山采挖南红，盛况空前。但是不是每个人都那么幸运，采挖难度非常巨大，由于地处高海拔地区，空气含氧量较低，南红原料都蕴藏在地表下 2 ～ 15 米的地方。沉积层非常的坚硬，采用原始的镐头等工具，需要巨大的体力付出。一天下来运气差的一块像样的材料也挖不到，出现

● 南红玛瑙俏色精雕春天雕件

凉山盐源料，俏色设计合理，雕刻精细，苏工，重 36.3 克。

了有的人一朝暴富，也有的人几个月下来几乎颗粒无收。

凉山南红除美姑南红外，其后发现的盐源玛瑙也有一部分天然红玛瑙，即盐源南红，业内叫盐源料。盐源县同样隶属于四川省凉山彝族自治州，位于美姑西南。盐源玛瑙质地坚硬、细腻，具有和南红一样的润泽度，韧性好，雕刻不易崩口，器物盘久了会起漂亮的包浆。颜色丰富，五彩斑斓，有黄色、绿色、翠绿、蓝色、紫红色、粉色、紫色、灰色，尤其带紫色调的红色和粉色变化万千，当地也叫凉山五彩玉。其中的天然红玛瑙具有鲜明特点，可有深浅不同的紫色调，与南红颜色系列里的玫瑰红接近，但红中更紫，雕刻中经常有俏雕的作品，已经受到各地雕刻师和玉石爱好者的关注和喜爱，优秀作品价格不菲。

此外，金沙江流域南红料也是近几年开始逐渐被认知的，除滇东昭通地区金沙江流域的鲁甸、永善、昭阳区、巧家几处外，最重要的产区是在四川境内的宜宾，此地发现较多，南红以小颗粒水料主，外表光滑无棱角。颜色以粉红色为多，此外尚有粉紫色、红色。金沙江料皆以卵石状水料为主，其块度一般相对较小，大若蚕豆者居多，分量一般都在几克到几十克之间，上百克的南红水料颇为罕见。金沙江南红有较好的透明度和一定的脂感，质地细腻润泽，有很好的朱砂纹理。金沙江水料南红通过外表层可直观看到材质本身的颜色。其中，有一部分材料有明显冲击纹和风化纹特征（指甲纹）。金沙水料南红的风化纹业内通常称之为"指甲纹"，是玉石料被磕碰、撞击及一定的风化作用所形成的一种痕迹，在玉料表面形成类似被指甲掐过的弯曲痕迹，是水料中比较常见的表面特征。这种南红材料由于较分散，不便开采，基本是人工拉拾，产量少。近些年，随着宜宾上游水利设施的修建，对河床、河道影响较大，造成该地区的水料日渐稀少。

• 南红玛瑙金沙江水子料原石

• 南红玛瑙金沙江巧色子料

⊙ 其他区域的天然红玛瑙

内蒙古阿拉善红玛瑙

以产著名的葡萄玛瑙观赏石为主的我国内蒙古阿拉善地区近两年陆续发现少量的天然红色玛瑙，其红色艳丽程度不及南红、发暗、偏紫色调。阿拉善玛瑙属风凌石，由距今上亿年前火山爆发喷射岩浆冷却而成，经过长期的地质变迁和风化侵蚀等自然作用，形成了千奇百怪、绚丽多彩的戈壁奇石。阿拉善玛瑙原石的特点是表面光滑圆润，并且都是存在于地表面，与南红玛瑙藏于地下有所不同。一般阿拉善玛瑙没有表皮，表面的颜色往往与内部肉质颜色相差不大。南红玛瑙原石有些有石皮，石皮颜色与内部肉质颜色多是不同的，此外，最大的一个特点就是阿拉善玛瑙比较干，与南红玛瑙温润厚重的质地对比明显不同。

● 阿拉善玛瑙文臣武将挂件

苏州黄文中作品，重 31 克，市场参考价 75000 元。

● 内蒙戈壁玛瑙原矿

● 风化老阿拉善玛瑙桶珠

● 内蒙戈壁玛瑙随形手串珠粒

基础入门

73

74

北票战国红

同南红一样，战国红也是一种应用历史悠久的优质玛瑙，它于 2011 年前后重新出现在人们的视野。战国红出产于辽宁省朝阳北票市泉巨永乡存珠营子村的一座小山，属于红缟玛瑙的一种。因其与出土的战国时期一些饰物相似，业内把这种玛瑙称为战国红玛瑙，也简称战国红。该矿目前产量较低，潜在储量不大。

北票战国红向以颜色艳丽丰富著称，色纯正，以红黄为主，白、紫、黑、绿等色为辅。因多数北票料红黄色界限清楚，因此少有橙色。下品色暗，不艳丽。

战国红同时兼具了玛瑙顶级的色和丝两种特点。其丝为红色、黄色，丝间的过渡色则有红、黄、绿、紫、无色等多种。战国红的缟纹缠丝形态多变，时而细密，时而宽纾，变化多端，颜色绚丽多彩，各色在色谱上均有很宽泛的过渡，黄色从土黄到明黄，红色从暗红到血红。

北票战国红的上述特点与南红特点明显不同，南红以红色为主导颜色，颜色纯净，单一简单，两者很容易区

● 北票战国红玛瑙牌

红黄缠丝方牌，平安无事牌。

● 北票战国红玛瑙同料手串

红黄紫罗兰缠丝手串，重 96 克，市场参考价 38000 元。

● 北票战国红玛瑙珠子

红缟缠丝圆珠，仔细观察可见黄丝，直径为 18 毫米。

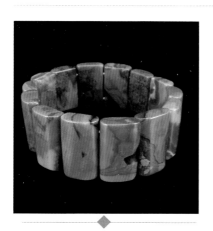

● 北票战国红玛瑙手排

● 北票战国红玛瑙圆珠手串（局部）

红黄老料，直径 15 ～ 18 毫米，重80.5 克，市场参考价 198800 元。

● 北票战国红玛瑙圆珠手串

红黄老料，直径 19 毫米，重111.31 克，市场参考价 84000 元。

别开来。

早期出产的战国红玛瑙矿石，冻料不多，但红黄两种颜色特别艳丽，缠丝也较明显，这些早期的北票战国红里，"动丝""活丝"或"闪丝"的料子是非常珍贵的。因此，早期北票战国红中的上品较多。

中期的北票战国红玛瑙冻料多了，色彩的艳丽度却下降些，但缠丝量仍然可观，因此中期后的土黄料、深红料等虽然料性趋干，透润度有所下降，但不失雍容华贵。

后期的北票战国红仍有上乘之品，只是可能好料的比例下降些许。北票战国红玛瑙的原料很多，有带水草的，也有紫冻料和白瓷料。由于当地政府限制开采，使一些精品料色暂时隔绝人世。

战国红玛瑙摩氏硬度在 6.5左右，不透明，质地较脆，并且石皮较厚，雕刻较困难，出材很低。产品多为手串，或较小雕件、半原石作品或原石，偶见手镯品种，极少见到中大型玛瑙作品。

76

上谷战国红

特指产于河北宣化一带的红缟玛瑙，因宣化战国至秦汉属上谷郡，故以产地命名"上谷战国红"。又叫"北红玛瑙""上谷赤琼""蒙料""河北料"等。

上谷战国红是于2012年初在河北宣化洋河南塔儿村乡滴水崖一带的一个小山发现的。上谷战国红原石多呈结核状球状，有较多草花料，一般完整性较高，裂少，但水晶伴生情况较多，原石赌性较大，实心的比较少见，多包裹水晶。

玛瑙颜色有锦红色、黄色，偶有杏黄及橙红色缟纹，颜色变化较均匀，变化较多。有红、黄、绿、黄绿、紫、黑、白等多种颜色，黄色是从黑黄到正黄；红色从暗红色到正红，油度大。其中以艳红艳黄品质最好，没有太多界限。

上谷战国红色彩丰富而艳丽，质地细腻油润。这个产区的战国红颜色优点是发绿色，偏黑色；小料子上也有发乌的感觉；黄色是从黑黄到正黄；红色是从暗红色到正红，

● 上谷战国红玛瑙手串

宣化上谷同料，重62.4克。

● 上谷战国红玛瑙手串

宣化上谷同料，重140克，市场参考价12800元。

● 上谷战国红玛瑙手串

红丝缟，上谷战国红玛瑙，同料圆珠，黑色条带在南红玛瑙中十分罕见，直径15毫米，重60克。

● 上谷战国红玛瑙手串

上谷黄缟活丝同料，直径 23 ～ 25 毫米，重 174 克，市场参考价 16500 元。

● 上谷战国红玛瑙手镯

重 69 克，市场参考价 69800 元。

发黑，油度大，有的呈陶瓷质地，或者说是那种"料器"的感觉。缺点是，上谷战国红料子普遍发暗色，大多数料子上带黑。

北票料与上谷料两者外观在颜色种类和结构类型上十分相似，又各有特色。北票料色艳，注重丝；上谷料色厚重、暗淡、灰暗、注重图案。二者都有极品精品料，同时也都有品质较低的料。上谷料总体上不如北票料艳丽。

上谷战国红发现时间仅短短两年，便以惊人的速度打开了市场，成为玉石市场上的一匹黑马。2013 年 6 月，"青泉战国红交易市场"应运而生，为上谷战国红的健康有序经营提供了保障。

战国红与南红在颜色上有明显区别，南红颜色简单，几乎见不到黄色系。缠丝纹理颜色较单一，而战国红缠丝纹理变化多，色系丰富，可以说各有千秋。

蒙古国红玛瑙

从矿藏的地理位置来看，蒙古国红玛瑙应该与甘肃南红新料同属一个矿脉，蒙古国红玛瑙是多裂的。蒙古国红玛瑙也有普货与上品之分，普货可以说是非常差的，裂多、冻多、矿点等杂质多，有些南红爱好者亲自验证，一千克的普料连百分之十的成品都出不了，而且很多连珠子都没法做，可见品质之差了。不过也有些上品蒙古国红玛瑙甚至可以媲美凉山南红玛瑙，当然这种比重还是比较少的。

蒙古国红玛瑙其实早在几年前就已经进入中国市场了，而能在市场存

● 蒙古国红玛瑙

留下来的都是一些比较上乘的原石料，因此蒙古国红玛瑙的出现也是对国内南红玛瑙市场的一个很好补充。但是它的品质决定了它的产出量稀少，对市场的影响作用也就没有多少了，相比国内凉山南红和保山南红的影响力来说几乎是微乎其微。

蒙古国天然红玛瑙有如下特点。

石皮，蒙古国红玛瑙的表皮多是红皮石斑，没有包浆或完整石皮，这层红皮石斑给人的感觉非常粗糙，有些看起来就像发霉一样。

颜色，蒙古国红玛瑙颜色比较丰富，有纯红、玫瑰红、冰飘、红绿、红黄，甚至战国红都有。蒙古国红玛瑙有些颜色还是非常不错的，但是大部分原石颜色为偏暗的柿子红，部分柿子红内部还混杂着少许的草绿色玛瑙，像战国红一样的多色交织，玫瑰红也比较少见。但是蒙古国南红玛瑙红色肉质太少，甚至就那么薄薄的一层，然后内部就是其他颜色、水晶或者矿点等杂质了，很难进行深一步的雕刻，并且很多原石外表看起来完整无裂，一旦切开，内部裂的程度比保山南红玛瑙还要严重。

结构质地，蒙古国的红玛瑙石性较重，玉质感不强，与保山南红玛瑙的温润细腻相差甚远，这点区别比较明显。

石纹，蒙古国南红玛瑙的内部石纹较多，但像凉山和保山的南红玛瑙内部石纹是非常少的。

缠丝，蒙古国红玛瑙的缠丝颜色单一，其中白色缠丝层次分明，与凉山南红玛瑙缠丝的颜色多样，变化多姿，缠丝间大多层次模糊相比有较明显的差异。

重量体积，蒙古国红玛瑙块度较大，像重达上千克一块的非常常见，这一点要比国内的南红玛瑙占优势，但是原石绺裂较多，这点与保山南红玛瑙相似。

非洲红玛瑙

目前进入国内市场的非洲红玛瑙原料主要有三地，莫桑比克、南非和马达加斯加，其中莫桑比克占比较大。非洲红其实从去年就已经登陆中国，不过并不为大家所熟知。

非洲南红以粗麻皮壳为主，部分为冻皮（类似红皮料），这与保山的部分蛋料皮极为相似，但可以从肉质及颜色去区别。这种非洲红玛瑙原石与南红玛瑙颜色结构有所差异，它的红色部分多在原石中间，在红色外围包裹着透明到乳白到蓝灰直至灰黑色的冻料，而南红玛瑙则是红色部分包裹着透明晶体，这一点即便是做成成品也是区别两者的特点之一。

从原石形态来看，非洲红玛瑙完整度较高，硬度大，原料多为蛋状。而保山南红完整度低，料多纹裂，原料多为块状。

非洲红玛瑙在颜色上普遍是比较淡一些的红，如樱桃红、粉红、暗灰酒红、浅珍珠红等，大部分非洲红玛瑙在颜色浓郁程度上远不如南红玛瑙那样红艳，即便一部分红堪比南红玛瑙的色泽，但也是非常的稀少。

非洲红透明度高，即使不在手电

● 非洲天然红玛瑙原料

79

● 非洲红玛瑙俏色观音菩萨挂件

极品非红，苏工。

下透过自然光看，水透现象也非常明显。内部打光可见类似朱砂点和纹理，但与联合和保山的朱砂点比较有明显区别，联合和保山朱砂点颗粒感强，而"非洲南红"朱砂为飘絮雾状，像极小的丝。

相比保山和联合料来说瑕疵裂隙要少得多。非红市场不温不火，从2014年第一季度开始红的非红，经过央视曝光，展现出其无穷的力量，价格有往上走的趋势。可以做优质的戒面和雕件的精品的非红料，也往往价值不菲，硬度要比南红玛瑙高。

非洲莫桑比克红玛瑙与南红有相似之处，总的来说只是与四川凉山联合与云南保山的一部分料相似，这种红玛瑙整体特性为晶包红，即与南红玛瑙相反，它的红色部分多在内里，而外部多是一些白色晶体包裹着，其红色与白色透明接壤部分与联合料非常相似。

非洲红玛瑙还包括马达加斯加的天然红玛瑙，其产量并不大，在国内市场上能看到马达加斯加红色水冲玛瑙，它由于是在海水中，所以大部分是卵石形，这和南红玛瑙的大部分原石很不一样。还有就是，马达加斯加玛瑙比南红玛瑙要通透得多，其浅红色远远没有南红玛瑙红的那种浓烈深沉。

● 天然非洲红玛瑙俏色巧雕达摩把件重59克。

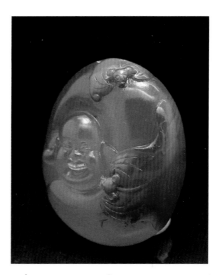

● 莫桑比克南红玛瑙雕件

红色以水红色、紫红色、柿子红为主，与保山南红相似，规格大小、材料利用率在35%左右，具有红白俏色特点，产量较大。

巴西红玛瑙

巴西是世界著名的宝石玉石产地，其出产的巴西玛瑙也是世界闻名的。巴西的天然红玛瑙也是近几年才出现于国内市场的，之前闻之甚少。

巴西玛瑙外观感觉上体质轻盈，通透性好，有点像玻璃。质地上缺少南红玛瑙质地紧密细腻，温润厚重的

● 巴西红玛瑙手串（局部）

胶质感；颜色上，一般而言，红色较之南红发暗偏淡，即使是上好品质的巴西玛瑙也没有南红玛瑙的颜色那么浓郁。相比巴西玛瑙轻浮的红，南红玛瑙的红更具有内敛、深沉、张扬与热情。

此外，一些资料认为尼泊尔出产天然红玛瑙。这个观点大概比较早见于 20 世纪 80 年代欧洲的学术刊物。尼泊尔究竟是否出产红玛瑙，目前的资料很少，难于判定。但据业内讲，尼泊尔的老南红存世数量很大，国内许多老南红玛瑙是由此地进口而来，并且有近年大量流入（或流回）国内的一些证据。

● 巴西红玛瑙手串

● 南红玛瑙如意印章

瞿利军作品，重 42.4 克，成交价 28000 元。

南红饰品类别

南红，这一既古老又全新的品种，由于受到材料的影响，不论是存世器物，还是当代繁荣时期所制玉器，形制上以手串、项链珠串饰、挂件、手把件、小型器皿、小摆件等小型饰物为主，较大型的摆件重器极其罕有。南红玉器从制作雕刻特征分两大类型，一是不带或少带雕刻刀工的光面饰品，第二大类型是带刀工的雕刻制品。前者占据了南红市场的绝对数量，而后者则是南红价值的最大体现。

南红珠串饰品在南红玉器中占重要地位，它们以不带刀工雕刻为特征，是广受人们喜爱的一大类型。南红珠串类饰品目前市场主要有四大类形制，一是占绝对优势的圆珠类，其中包括圆珠手串、项链、朝珠；二是桶珠类，包括长短桶珠、直桶珠、橄榄珠；三是片状珠，包括算盘珠与隔片珠；四是随形异形珠。而串饰类中的南瓜珠则是带刀工的制品。从南红玉器存世量看，最多的就是珠子。南红珠子通常也是认识南红的第一步，南红被做成珠子的比例在南红制品中拥有压倒性的优势。南红材料本身由于大块者罕有，小块者也由于经常出现的裂隙瑕疵，客观上形成了以珠串饰品为主的特点。

• 南红玛瑙观音摆件

圆珠串饰类

圆珠串饰类是南红玉器中最多的饰品，可以做成手串、项链、108 粒佛珠等饰品。圆珠类直径为 3 ~ 20 毫米，超过 15 毫米的相对稀罕，直径 3 ~ 10 毫米是市场常见的主流产品，直径在 11 ~ 20 毫米的可见，直径超过 20 毫米的少见，直径超过 25 毫米的已经罕见。除光面素珠外，雕花的南红珠子目前市场相对较少，仅是偶见，不是市场主流。雕刻精美，质地均匀，颜色红艳，重量尺度较大的珠子比较难得。

这类圆珠以柿子红、樱桃红、朱砂红、冰飘常见，挑选圆珠类饰品，直径体积和颜色是关键因素，因为在当代的圆珠制作中，工艺要求精美，形制规整，抛光细腻，对瑕疵绺裂尽可能采取剔除措施。当然，为保持重量体积的稀有，有时也会采取尽可能少去的措施。完整度上，对于小的圆珠尽可能挑选完美的，而对于大珠，小的瑕疵裂隙可采取包容的心态。

从目前的价值看品级高的

● 柿子红火焰纹南红玛瑙手串

直径 20 毫米，重 116.5 克，市场参考价 46500 元。

● 南红玛瑙稀有珍藏级手工大圆珠项链

满肉柿子红火焰纹，重 449 克，直径 17 ~ 25 毫米，市场参考价 350000 元。

锦红－柿子红是最贵的，质地好，色均匀的是极其稀有的，价格高得悬殊。其次是樱桃红，再后则为朱砂红、冰飘。锦红－柿子红体系中，当然是颜色均匀的价值最高，颜色结构体系中，红色的"肉"所占比重越大，价值越高，火焰纹越少，价值越高。但那些火焰纹绮丽热烈，纹理图案特殊的柿子红当然也是价值不菲。对于好的颜色艳丽，形成完美绮丽图案的冰飘是有市场潜力的。选择冰飘圆珠要以艳、绝、俏、美为依据，日后会有好的市场前景。圆珠不论男士和女士，都适合佩戴，是圆满、幸福、智慧的象征。目前市场上柿子红、柿子红－玫瑰红火焰纹，以及樱桃红的南红最受欢迎。一条上好的圆珠手串，根据其珠粒大小不同，价格在 1 万元至几万元不等，项链也根据粒径大小不同会在 1 万至 10 万元的价位。

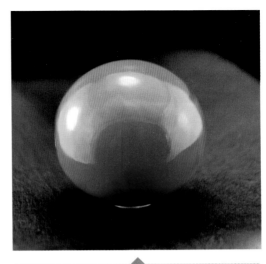

● 凉山南红玛瑙散珠

柿子红圆珠珠子，九口料，直径 16 毫米，重 6 克，市场参考价 2250 元。

● 冰粉南红玛瑙项链

● 满肉柿子红南红玛瑙背云桶珠

九口料，重9.2克，市场参考价3580元。

● 柿子红、玫瑰红南红玛瑙路路通桶珠

九口料，重23.5克，市场参考价6980元。

● 南红玛瑙手串

柿子红、玫瑰红火焰纹，凉山料。

桶珠串饰类

桶珠在南红串饰器物里是一个重要品种，桶珠形态变化较大，欣赏起来充满趣味，按照市场占有数量来说，桶珠仅次于圆珠。桶珠里可分长桶珠、桶珠、直桶珠、椭圆桶珠等形态。桶珠尺寸一般为7毫米×11毫米，8毫米×12毫米，9毫米×13毫米，10毫米×13毫米，11毫米×14毫米，12毫米×16毫米，桶珠尺寸多采用最大直径×长度两数据的标示，桶珠的尺寸规格上，最大直径与长度差值经常以4～6毫米为主，也有差值在2的，差值越大，桶珠形状越长，差值越小，桶珠形状越短。通常，桶珠长度超过20毫米的较少，25～30毫米的更少，一般在15～20毫米。桶珠的中间最大直径通常是两端的最小直径的1.2～1.5倍，这是比例较恰当的形状。当桶珠两端直径明显小于中间最大直径，长度是最大直径1.5倍以上时，则成橄榄珠形状。

此外，传统的勒子也归为桶珠类型。勒子的尺寸较大，通常可见长度在15～25毫米，两端圆直径一般在10毫米以上，以长度20～25毫米为多，长度在30毫米之上的少见。勒子的规格尺寸常用长×最大直径×边孔直径三数据标示，比如22毫米×16毫米×12毫米，20.5毫米×13.5毫米×11.5毫

● 南红玛瑙勒子手串

　满肉柿子红，四川凉山料，重48.5克，市场参考价11800元。

米等。勒子的颜色结构以柿子红和火焰纹多见，挑选这类饰品当然以锦红、柿子红满肉为最佳，但更加实际的情况是这样的货品极少，颜色和花纹的结构形态是选择勒子的重要参考因素，纹理火焰奇特，自然飘洒的是佳品。挑选时，在好的完整度的基础上，颜色方面对价值的体现可参照圆珠的挑选。桶珠非常适合男士选择佩戴，它既有圆润的弧面，又同时带有一点棱角，棱角处又总是被弧面所交融，有一种刚柔相济的感觉。

算盘珠、隔珠串饰类

其中以算盘珠为多，隔珠经常是用于其他饰物的隔断陪衬。桶珠的形态当长度明显小于中间最大直径时就成了算盘珠，长度和最大直径接近，可称鼓珠；直桶珠当长度明显小于直径时就是隔珠。算盘珠和隔珠一般采取圆最大直径×厚度两个数据标示形态大小。直径一般在 7 ~ 12 毫米不等，厚度在 3 ~ 6 毫米，直径在 20 毫米左右，厚度在 10 毫米左右的也有。算盘珠、隔珠也是深受人们喜欢的一个形制，男女均适合，算盘珠结合其他隔珠，比如与青金石、绿松石和黑玛瑙隔珠，或单独，或组合，设计成各类的组合串饰，做成手串、项链等饰品，给人一种清新、跳跃、华美、俏丽的感觉，令人赏心悦目。

● 南红玛瑙藏式算盘珠手串

柿子红、玫瑰红，火焰纹。

● 南红玛瑙算盘珠手串

顶级樱桃红，凉山联合料。

异形珠串饰类

异形珠也叫随形珠,是根据材料大小和形态特点因料形磨制抛光而成,这类异形珠形态不同,但以接近橄榄形珠或桶形珠为多,适合制作成手链和项链,也用于与其他玉石饰品的搭配串接。由于选料的相对宽松和随意,制作打磨不需要特殊要求,省工省力,固这类异形珠普遍价格不高,偶有精品,要取决于其形态自然、圆滑、粒度较大、颜色红颜,或者火焰纹奇特亮丽。

● 南红玛瑙随形亚光手串

凉山九口料,重77.43克,市场参考价8500元。

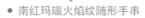

● 南红玛瑙火焰纹随形手串

平安扣

　　平安扣在南红玉器里占有量不大，对材料的要求不高，只是对完整度要求较高，只要无裂或少裂，各种颜色质地类别都适于做平安扣，纯色的柿子红、玫瑰红或者朱砂红、冰飘等不同的南红材料当作平安扣出现时，会觉得各有韵味，饶有趣味，均匀的红、火焰纹、分散的朱砂、绮丽的冰飘、淡淡的水红，都给人以美的享受。这些不同的颜色质地散落在圆周之上，让人立刻觉得激动活跃起来，小小的一片圆顿时感觉幻化成了大大的乾坤，让人着迷。

● 柿子红南红玛瑙平安扣

● 冰飘南红玛瑙平安扣

雕刻珠

在串饰类玉器饰品中，可以见到一些带工的雕刻件，从形态上分主要有三类，一是圆形的雕刻珠，雕刻内容上往往是简洁的云纹饰纹，一般是线雕、阴线阳线雕手法，二是雕刻形似南瓜的珠子制品。南瓜珠在以前的老旧南红饰品中多见，主要用于手链，当代南瓜珠的制作市场相对少见。三是圆雕工艺的雕刻件，形状似卵石子料椭圆—浑圆状，内容上以十八罗汉、八仙题材为主，这类雕刻珠中高品质的优秀作品用工细腻，刻画入微，具有很高的艺术水准。

在十八罗汉雕刻件中，黄文中先生的两款十八罗汉即是不可多得的艺术精品。其中一款，南红玛瑙重量102.9克，整条雕刻串饰由十八颗罗汉头组成，选用南红手镯玫瑰红原料，整件作品每一颗都是独立的一件作品，神态各异，雕刻细腻传神，细致入微，柿子红和玫瑰红分色雕刻绝妙，不同的

● 柿子红、玫瑰红南红玛瑙十八罗汉雕件手串

凉山南红玛瑙，苏工，王进作品，重71.4克，市场参考价18500元。

● 南红玛瑙精雕十八罗汉挂件

黄文中作品，重102.9克，市场参考价48000元。

罗汉形象在刻画中，注意了形态的区别以及颜色的区别，使每一罗汉具有鲜明的个性特征，作品具有非凡的艺术感染力，是一件十八罗汉串饰雕件代表作。另外一款十八罗汉串饰雕件，南红玛瑙重量在 176 克，与上款手法接近，人物刻画上根据材料的特征略有差异，也是一款艺术精品。

此外，也有用 7 粒罗汉头组成手串的做法，如王进先生的罗汉手串作品，选用的材料也是九口料柿子红和玫瑰红，粒径在 2.7 ～ 3.0 厘米，表现刻画人物细致入微，艺术效果同样震撼。还有用九粒南红材料雕刻十八罗汉的，每粒在正反两面分别雕刻两个罗汉头，也饶有趣味。

● 保山南红玛瑙精品南瓜珠手串

满肉色红，直径 13.8 毫米，市场参考价 7000 元。

手镯

南红手镯对玉料的要求较高，首先要料大，其次是无裂或者少裂，这是对材料的基本要求，温润细腻的玉质质地和颜色均匀的锦红－柿子红是南红手镯的顶级要求。显然，这样的要求对于实际的南红原料来说是很难达到的，因此这样的器物在南红玉器里已属重器，可说是万里挑一。

南红手镯分两种类型，一类是光面不带雕刻刀工的手镯，一类是带刀工的雕刻手镯。光面手镯相对于雕刻手镯，对南红材料的要求更高，因为材质的任何一点缺陷或不足都会显露无遗。

南红手镯在流通市场极为罕见，高质量的南红玛瑙，不论是光面手镯，还是雕花手镯往往价值不菲，一般要在 30 万元以上。目前市场很难发现这样的制品，仅在个别雕刻师收藏家中能看到这类东西，但还是少之又少。根据粗略统计，目前这类优质南红手镯数量极少，在全国范围里不超过 20 只，算得上高品质南红手镯的仅在 10 只左右。如雕刻家黄文中先生自己的一件珍贵南红手镯，就属于这样的制品。这件南红手镯外径 81 毫米、内径 58 毫米，材料来源于九口，通体红正、色均、质润，没有缠丝、裂痕。寻找这样的材料极为困难，可以说是可遇不可求。这类高品质的南红手镯价格不菲，往往数十万元至百万元甚至还高。

● 南红玛瑙手镯

明料柿子红原料，镯坯镯芯套装，手镯镯芯重 146 克，镯坯重 90.5 克，市场参考价 1500000 元。

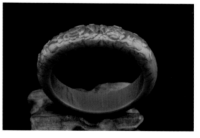

● 南红玛瑙蝶恋花雕花手镯

火焰纹，凉山美姑，重 66 克，罗光明作品，市场参考价 580000 元。

戒面镶嵌类

颜色均匀艳丽，饱和度高，质地细腻通透的高品质南红用作首饰镶嵌中的戒面，现在已经是常见的现象，而且很受欢迎。戒面形状上以弧面椭圆最常见，其次还有弧面水滴形、橄榄形、圆形等形态。南红作为戒面要求规格尺寸尽可能大，目前市场尺寸可见5毫米×7毫米，6毫米×8毫米，7毫米×9毫米，8毫米×10毫米，9毫米×11毫米，10毫米×12毫米，11毫米×13毫米，12毫米×14毫米，13毫米×15毫米，14毫米×16毫米，15毫米×17毫米，16毫米×18毫米，17毫米×19毫米，18毫米×20毫米，19毫米×21毫米，20毫米×22毫米等规格，但以8毫米×10毫米以上为主，有时经常见到长轴和短轴尺寸相差较大的规格，这主要取决于南红材料本身，并没有硬性的要求。

南红戒面镶嵌一类以

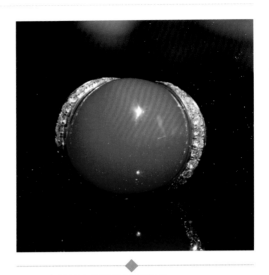

● 18K 金镶嵌南红玛瑙钻石吊坠

柿子红，18K 金镶嵌南红玛瑙和钻石，市场参考价 26000 元。

● 18K 玫瑰金镶嵌南红玛瑙钻石吊坠

樱桃红，市场参考价 18500 元。

S925 白银为首饰材料，一类以 18K 金为镶嵌材料。其中 18K 金有白色
18K 金和 18K 玫瑰金两种颜色，南红镶嵌饰品，特别是 18K 金镶嵌饰品，
越来越受到大众的欢迎，尤其是戒面颗粒饱满硕大、颜色红润、质地均匀
的类型，市场潜力巨大。当前南红的 K 金镶嵌戒面饰品以戒指和项坠为主，
市场占有量也并不多，仅个别综合性强的首饰公司和南红专卖店可见。精
湛的 K 金镶嵌技艺，流畅经典的造型，陪衬以钻石为主的副石，浓郁饱满，
鲜艳欲滴的南红首饰必将会成为珠宝镶嵌市场中一抹彩虹。

● 18K 玫瑰金镶嵌南红玛瑙
钻石戒指
18K 玫瑰金，樱桃红，市场
参考价 15600 元。

● 18K 玫瑰金镶嵌南红玛瑙
钻石吊坠
冰飘，市场参考价 9700 元。

挂件

挂件是南红玉雕中占有较多数量的类别。挂件题材广泛多样，有观音、佛像，有祥瑞神兽，有12生肖，有花鸟鱼虫、山水风景等，挂件形态各异，主要取决于材料形态，整体感觉以规格重量较小的尺度为主，较大尺寸的挂件相对少，重量上有几克、十几克、20多克、30多克不等，超过50克的较大重量尺度的挂件相对较少，市场上这类制品质量参差不齐，价格相差很大，取决于整体形态、质地结构、颜色红艳程度，重量大小、缺陷多少、设计雕工等因素。

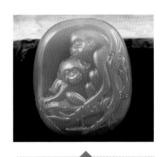

● 南红玛瑙母爱挂件

四川凉山联合料，樱桃红，重39克，罗光明作品，市场参考价60000元。

● 南红玛瑙弥勒佛挂件

凉山料，大肚能容天下。

● 南红玛瑙吊坠

满红满肉柿子红，九口料，苏工雕刻，重17.2克，市场参考价10000元。

扳指、玉戒指

南红扳指在南红雕件的众多艺术表现形式中，是一种别具欣赏、审美和实用价值的艺术品。目前市场上出售的南红扳指、玉戒指有些为保山南红材料，有些是美姑南红材料，品质都非常的好，色泽纯正饱满，富有油润性，光泽感也强。南红扳指、玉戒指有着一种独特的华贵美感，将柿子红、玫瑰红或者两者皆有的火焰纹、缠丝或冰飘南红这些颜色一质地雕琢成扳指时，令人赏心悦目，各领风骚。

● 天然极品瓦西料柿子红南红玛瑙戒指

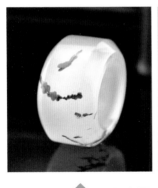

● 冰飘南红玛瑙戒指

凉山料，重 19.8 克，市场参考价 8800 元。

● 南红玛瑙四神扳指

四川凉山西昌联合料，重44克，市场参考价24000元。

● 南红玛瑙龙凤呈祥扳指

凉山九口料。

玉牌

南红玉牌因材料的限制，牌片制作对材料大小、质地、颜色均匀程度要求极高。只有质地相对均匀、颜色相对均匀无裂隙的材料才最适合牌片的制作，也是最难求的材料。这是南红玉器饰品中，牌片的数量很少的直接原因。南红玉牌中以浅浮雕为主，要求作品底板平整规则。行内也称之为"底子"，也就是玉牌的最底部的平面。玉牌的叙事题材，玉牌对称与否，玉牌的空间感、透视感等也都是鉴赏挑选的重点。南红玉牌在市场流通较少，特别像白玉子冈牌式的南红玉牌极为罕见。市场上一般的高品质名家之作，价格几乎均在 20 万元以上。市场上优秀的南红玉牌往往不拘形式，牌片形状、题材类型、构图手法往往根据材料本身特点会有些许变化，从而使作品更有创意和新意。

● 南红玛瑙冰飘牌

● 南红玛瑙龙马精神牌

图片由北京乐石珠宝提供。

器皿

　　南红玛瑙的器皿一般体量较小，它是作为摆件、玩件的形式出现的，往往是以仿古的纹饰为主，线条流畅，造型端庄，质朴厚重。在当代收藏级南红重器里，豆中强先生的器皿设计制作具有代表性，其器皿摆件设计制作具有个性鲜明、造型端庄、厚重饱满、大气舒展、流畅灵动、细腻精致的特点，最近设计雕刻的几款器皿作品堪称杰作，器形较大，制作工艺精美绝伦，富有创意。

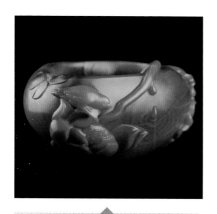

● 凉山南红玛瑙香插

　柿子红，玫瑰红。

● 南红玛瑙壶

四川凉山料，玫瑰红，壶身尺寸 57 毫米 X41.5 毫米 X40.5 毫米，壶盖尺寸 18 毫米 X11.5 毫米 X11 毫米，重 127 克，市场参考价 90000 元。

● 南红玛瑙鳌樽

四川凉山料，苏工，重 252 克，市场参考价 680000 元。

手把件、小摆件

　　南红的手把件和小型摆件在体量大小上往往是十分接近的，很多时候小型摆件其实是可以做手把件把玩的，南红的手把件和小摆件市场良莠不齐，总体看，手把件小件居多，制作工艺水平参差不齐，价值相差巨大。

　　手把件、小摆件所表现的题材内容丰富，玉器用料多种多样。手把件、小摆件领域具有很大的创作空间，不拘材料，不拘形式，不拘内容。一些优秀南红作品经常出于这类器物中。

● 南红玛瑙马上封侯摆件

　　柿子红，凉山料，重 127 克。

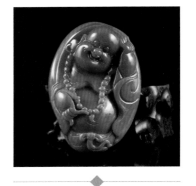

● 南红玛瑙弥勒笑佛手把件

　　满肉柿子红，苏工，重 102 克。

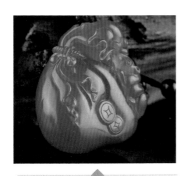

● 凉山南红玛瑙发财鼠手把件

　　顶级联合料，重 46.9 克，市场参考价 60000 元。

● 南红玛瑙自在观音摆件

　　凉山南红玛瑙，锦红、柿子红满肉全透润，重 562 克，市场参考价 480000 元。

山子摆件

山子摆件属于南红玉器的重器，是南红玉器里体量尺度最大的种类。而大型的山子摆件则是极其罕见。当然这依然都是南红材料的局限性造成的。

从这两年的雕刻艺术创作作品看，出现了体量在1千克左右，2千克左右，甚至3千克左右的南红玉器，应该说是一个骄人的成绩，虽然这类玉器依然为数不多，但已经为南红的玉器创作树立了新的里程碑。

比较历史传世作品，大的南红玉器摆件极其罕见。在当代，采掘范围明显大于明清时期，地域上川南红的加入显著地提高了南红原料的来源，加之现代的电气化工具结合传统手工艺工具的运用、玉器加工业的蓬勃发展、从业人员的众多，南红玉器的制作在短短的3～5年时间里，从寥寥无几到遍地开花，已经形成了不小的规模。毋庸置疑，南红玉器在数量上已大大超越历代南

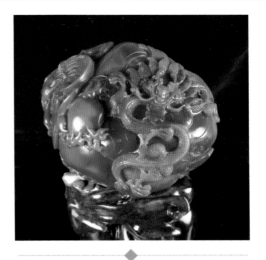

● 南红玛瑙龙凤呈祥摆件

柿子红，长155毫米，宽105毫米，厚95毫米，重2153克。

● 南红玛瑙深山访友摆件

保山料，重1560克，市场参考价186600元。

红制品，而在以山子摆件重器为代表的玉器制品方面，仅从目前展现的南红作品看，数量上可以说也已经超越了各个历史时期的南红重器。但需要说明的是，在南红的大型山子摆件玉器制品方面，设计与雕刻工艺参差不齐，一些材料虽然体量较大，但制作出的玉器设计与雕刻水准尚不算高。从目前的资料看，民间还有不少较大体量的南红原料储备，3～5千克甚至再大一点的原料还是有的，期待今后更高水准的南红玉器巨作。

● 南红玛瑙山子摆件

　　九口料，柿子红加果冻料，重 645.8 克，市场参考价 660000 元。

鉴定技巧

南红的优化处理

　　南红的应用在我国玉石的应用历史上一直就非常稀缺，这从极少数历代传世的文物数量上就可以看出。乾隆时期是中国近代玉雕的鼎盛时期，对雕刻所用玉石材料的选择标准非常高，由于大量绺裂的保山南红无法继续制作，南红也就逐渐地从历史的视线中消失了，以至于大家认为南红在清乾隆绝矿。其实保山矿一直出产南红矿料，只不过材料的绺裂瑕疵过多，这样的材料无法应用在玉石加工上，从而不得已放弃了。考察存

　　保山南红清朝就宣布绝矿不是说没有了，而是完整无裂个大的已经没有了，有裂的大料依然有，只是按照当时的技术无法再制作成品。基于以上原因（好料稀缺），部分保山料才有必要注胶，防止其制作时裂开。凉山南红兴起的时间不长，虽然现在地表容易开采的资源都开采得差不多了，可相比保山料，凉山料能开发的好料肯定还有不少，暂时注胶较少。

世的老南红饰品可以发现，即使是小到珠子这类南红玉器都极少为无瑕物品，这可从一个侧面印证原料选择的无奈。

注胶是南红玛瑙近代开始出现的一种优化方法，也是在凉山矿未出现，金沙江料稀少前提下，应对南红材料紧缺的主要方式。众所周知，业内普遍认为南红材料在清中期绝矿。其实这里的绝矿并非常规意义的绝迹。注过胶的南红玛瑙原石比较容易识别，因为在其外层会有一层小气泡透明包裹体。雕刻后

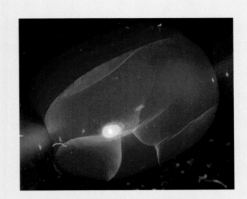

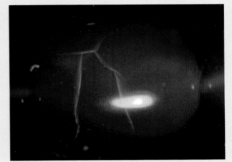

使用波长为365纳米的紫光灯照射，胶水会呈现荧光反应。

的注胶南红玛瑙，用放大镜会观察到内部有细丝状的透明线纹。通常这种线纹较直、较长，与天然纹理有着明显的区别。

经过注胶处理的南红材料整体性很好，虽然可以进行任何造型的玉器加工了，但是由于进行了人工处理，它已不再是单纯的天然玉石属性，收藏性也就大大降低。注胶处理主要以保山的部分原料为主，凉山的部分联合料等也有一部分需要注胶处理。

南红与相似物质的区别

南红玛瑙的颜色和质地决定了一般材料不容易与它混淆，容易混淆并模仿它的都是南红的近亲。主要是烧红玛瑙、染色玛瑙，红碧玉和料器等材料。

⊙ 烧红玛瑙、染色玛瑙

红玛瑙有东红玛瑙和西红玛瑙之分。前者是指天然含铁的玛瑙经加热处理后形成的红玛瑙，又称"烧红玛瑙"，其中包括鲜红色、橙红色。东红玛瑙一名，因早年这种玛瑙来自日本，故而得名。后者是指天然的红色玛瑙，其中有暗红色者，也有艳红色者，中国古代出土的玛瑙均属西红玛瑙。这种玛瑙多来自西方，故而得名。简单一点说，东红玛瑙的红色是烧色优化而来的，而西红玛瑙颜色是天然的。

与南红最为相似的自然是南红的近亲——烧红玛瑙和染色玛瑙。人工烧色的原理就是玛瑙成分中含有少量显色离子，若只含有 Fe^{3+} 离子，玛瑙就会呈现天然红色，若只含有 Fe^{2+} 离子就会呈现灰暗色。自然界中绝大多数玛瑙都同时含有 Fe^{3+} 和 Fe^{2+} 两种离子，在氧化性气氛下，通过简

● 烧红玛瑙手镯

玛瑙缠丝纹清楚。

● 颜色不均匀的烧红玛瑙手镯

● 颜色均匀浓郁的烧红玛瑙手镯

单加热方式就会让 Fe^{2+} 氧化成 Fe^{3+}，从而让灰色玛瑙转换为红色玛瑙。

烧红玛瑙，从感官上和南红玛瑙有明显区别。烧色的红颜色总体来说不那么自然，红色色闷偏暗，缺乏清亮感觉，红有浮于表面的感觉，无法达到纯正艳丽的红色。从质感上，由于烧红玛瑙是利用一些浅色玛瑙来加工，这类不同产地的玛瑙，没有南红玛瑙的特有胶感，即油脂感。烧红玛瑙通常通透度较高，玻璃光泽强，和温润特性的南红有着本质不同。

放大观察，加工后的烧红玛瑙颜色特征，与天然红玛瑙的颜色特征截然不同。烧红改色的红玛瑙在放大镜下观察，其红色区域见不到天然的红色点状物，而是呈现面状特征，且经常可以发现在红色区域

出现很多小裂隙，这些小裂隙肉眼很难观察到，裂隙形态上呈弧状，这是在玛瑙加热过程中同期形成的，是二氧化硅凝胶收缩膨胀的结果，业内也叫火劫纹。

结合很多老南红玛瑙的表面经常存在大量的风化纹的现象，而且风化纹形态上以弧形多见为特点，很可能也是温度环境变化，造成南红玛瑙内部脱水从而表面会逐渐出现风化纹。南红长时间暴露于地表或佩戴，自然会受阳光热源温度变化的影响，这点与烧红玛瑙受热而形成的裂隙成因虽然不同，但基本的影响因素是相同的。此外，焙烧过的玛瑙颜色相对均一，色带的边缘多呈渐变关系，没有天然红玛瑙的条带那样分明、清晰。

而南红的颜色不同，在红色颜色聚集处，透光放大观察，红色颜色部分是由极细小的红色点状物构成，而且外观颜色越浓，红色点状物聚集越密集，一些红色浓度不高的，透明度好的南红品种，肉眼即可分辨红色的点状物。几乎所有的天然红玛瑙的基本颜色结构特征都是一样的。

笔者认为，南红颜色的形成和浓艳程度可能与二氧化硅凝胶在沉积结

● 颜色均匀的烧红玛瑙手镯

晶中的过程相关。南红玛瑙属基性火山岩后期热液矿床，是基性火山岩喷发结束后的残余热水溶液交代早期喷发的基性岩，从中析出了二氧化硅和三价铁，随后热液在基性火山岩的气孔和空洞中或者裂隙空间中沉淀，形成了具环带构造的玛瑙。二氧化硅在热液中作为分散质具有巨大的表面积，在胶体凝胶过程中，吸附了热液中的铁元素，热液中的铁质越多，吸附越多，从而红色范围越大，这符合胶体分散质的一般规律。红色点状物就是吸附作用存在的形象展示。热液中的铁元素的浓度、热液的温度、压力、储存热液的空间大小、形态，以及周围地质环境的变化会对热液的凝胶沉淀带来影响，从而有了南红颜色结构质地的差异。

近年，已经有人以普通浅色红玛瑙采取优化的方式二次烧红，据说有些浅色微红色调的巴西玛瑙有这种处理，而这种优化处理的南红并不多见，结合上述烧红玛瑙的颜色结构鉴别应该可以区别开来。

人工染色，是对于那些含铁元素不高的玛瑙，为了获取红色外表，一般会浸泡在硝酸二铁溶液或氧化一铁溶液内一个月，之后再用硝酸钠溶液浸泡两周，然后加热酸化处理，可以使其变成红色。染色玛瑙相对比较容易区分，可以通过放大观察色素的沉积特点分别。能看到颜色沿晶体间空隙渗透的网状颜色分布，玻璃感强，也无南红特有的脂感。

⊙ 红碧玉

　　市场上的红碧玉最易与南红混淆，也是用来仿南红的最重要的一个玉石品种。红碧玉是成分中含有黏土矿物和氧化铁等矿物杂质的玉髓，也叫红碧石、鸡肝石、羊肝石。其杂质部分可达 20% 以上，不透明。

　　凉山南红产地同时出产大量的红碧玉，在凉山地区当地人一般称红碧玉为乌石。乌石在彝语里面为"乌丝"，意为猪血。其中一类火山红碧玉外观皮壳和凉山南红几乎完全一致，从外表基本无法正确判断识别。火山红碧玉外层也有高温氧化的褐色至铁黑色皮壳，块度大小不一，既有小如豆子的，也有几十千克的硕大原石。火山红碧玉的完整性非常好，基本没有绺裂。韧性比凉山南红高，常规力度击打很难破损。断面颗粒感强呈砂面，光泽度差，无脂感。颜色以红色为主，间有黑色斑点杂质。日光下红碧玉不透光，即使在玉石专用强光手电下，该石种也几乎不透光。

　　在南红原料市场，很多带皮壳的红碧玉几乎可以乱真，与真正的南红难辨真假，构成了南红原料市场一大风险。红碧玉颜色均匀，间或有一些黑色深色条纹或白色石英细脉，有时也具一定方向性，白色石英细脉一般

● 桂林龙胜红碧玉

● 凉山红碧玉原石

是后期沿红碧玉节理裂隙充填而成，与玛瑙的条带状构造近似平行的缠丝纹或纹理条带截然不同，这种岩石结构特征也是区别南红的一个重要依据。

除凉山本地的红碧玉外，还有桂林与南非的红碧玉，都易与南红混淆。凉山红碧玉同桂林红碧玉颜色接近，属于玫瑰红、深红系列。凉山与桂林龙胜的红碧玉整体颜色较南非红碧玉偏暗，属玫瑰红、暗红，而南非红碧玉属于颜色较明亮的红色，带黄色调。在显微镜下，普通红色玉髓红色非常均匀，就像均匀的红色溶液一样，没有任何大的色差对比，更没有像南红玛瑙朱砂点一样特性。

以桂林优质红碧玉为例，红碧玉综合矿物成分以玉髓石英为主，含部分高价铁和低价铁，经检测，其化学成分为二氧化硅（SiO_2）70%～80%；氧化铁（Fe_2O_3+FeO）10%～15%；其他成分（如Al_2O_3、MnO_2、K_2O、Na_2O、CaO等）5%～8%；该岩石主要成分为各色的硅质矿物如玉髓、石英等，颗粒微小，结构紧密，折射率为1.54，摩氏硬度为6.5～7.0，相对密度为2.7～2.95克／厘米^3，密度相对南红高。

红碧玉制品以圆珠，桶珠手串和手镯常见，雕刻件较少，大型块体经常以岩石观赏石的形式出现。

● 红碧玉手串

● 凉山红碧玉手镯

颜色较均匀，无石英细脉充填。

南红玛瑙与红碧玉对比

红碧玉打强光不可入

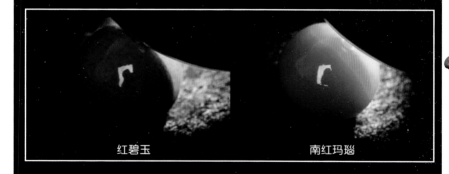

红碧玉   南红玛瑙

南红玛瑙打强光可入

⊙ 红玉髓

玉髓是含极微细空洞的超显微隐晶质石英集合体，单体呈纤维状或略定向排列，粒间为空，内充填水分和气泡，多呈块状产出。因此比重较标准石英为低，约为 $2.58 \sim 2.64$。于显微镜下常呈放射纤维状，有蜡状光泽，透明至半透明，时有粒度或透明度不同的带状构造。白色玉髓母体晶粒间之孔隙或晶面如掺入杂质即受影响而呈现不同之颜色。

玉髓在许多地质环境下均可能形成，一般主要生成于较低温与低压的环境，例如低温热水矿脉中，或中－酸性火成岩换质后的产物。此外，还可以以蛋白石的脱水物形式形成。通常呈乳房状或葡萄状矿体产出，颜色的变化范围很大，可以是白色、蓝色、红色、绿色、棕色或黑色。红玉髓中的橙红至褐红色，由微量 Fe^{3+} 致色。

纯天然优化无烤色的红玉髓大都偏黄色，红度低，美感不够。天然红玉髓颜色不够，工厂就采用烤色来加强颜色，红色属于容易烤制的颜色，技术门槛不高，所以大量烤色红玉髓充斥市场。其中很多是用巴西玛瑙料、乌拉圭玛瑙料来直接烤色，材质本身都不属于玉髓，

• 印度尼西亚纯天然红玉髓戒面

• 印度尼西亚罕见紫红色意境玉髓勒子
磨砂包浆玛瑙，重 12 克。

更谈不上红玉髓了。

区分南红玛瑙和红玉髓一般情况下比较容易，那就是观察条带状构造，具有条带状构造的是南红玛瑙，而玉髓一般不具有条带构造，而玉髓中，我们可能看到由于黏土等夹杂矿物使得玉髓部分出现似纹带的构造，但那不是条带状构造。此外，红玉髓的特性是质地极为细腻均匀、不见颗粒、表面比较光亮，玉髓透明度较之南红要高，南红的颜色是朱砂点构成。而关于玉髓的致色机理似乎与南红有一定区别，这方面的岩石矿物学研究尚不够。

还有一种冰彩玉髓是玉髓中的稀缺品，它是玉髓被有色矿物渗入而形成的五颜六色的玉髓品种。冰彩玉髓同其他玉髓一样都是含水的二氧化硅隐晶质集合体，透明度高是冰彩玉髓的最大特征。冰彩玉髓的产地不少，不仅有最著名的冰彩玉髓产地印度尼西亚，其产地还有澳大利亚、意大利、中国台湾、巴西等。但除了印度尼西亚外，其他产地的冰彩玉髓的品质都不高。印度尼西亚料有白、黄、红、紫、绿甚至蓝色等，色系丰富多彩。其中一种红色玉髓颜色漂亮，红艳，但透明度很高，不同于南红。一些具有条带状构造的红色玛瑙，其条带

● 冰彩玉髓吊坠

印度尼西亚玉髓，冰透水润，原色无烧色。

● 冰彩玉髓手镯

天然笑脸风景红玛瑙。

● 冰彩玉髓福瓜貔貅挂件

印度尼西亚冰彩玉髓，玻璃种红白玉髓，市场参考价1180元。

● 印度尼西亚的天然管状玉髓玛瑙

● 印度尼西亚纯天然红色玉髓包浆管
子玛瑙

重 11.8 克。

颜色复杂，与南红截然不同。

在印度尼西亚的天然红玉髓玛瑙中，尚有一种神秘的管状玛瑙。管状玛瑙于 2009 年初在印度尼西亚中爪哇远程山腰的年轻火山地带被人们发现。2010 年 11 月原始植物学家威廉·沃尔顿·赖特（华特）（William Walton Wright (Walt)）特地到其中一个产地参观，并对管状玛瑙形成的地质环境进行了研究、鉴定和评论，他认为管状玛瑙的主要成因是当火山爆发时，一连串带硅质的火山灰像瀑布般地涌入沼泽或在一个山坡上，后来冲入湿地。火山灰经过风化氧化，把丰富的硅、铁、锰和其他离子释放入水。那些被分解的离子在水中经过化学变化增加了黏土的酸性和悬浮的胶体。

随后多年继续发生植物的死亡和腐烂以及一些茎的继续站立或折弯，一些茎可能被打"破"并掉落到沼泽。这些沼泽植物的茎秆可以成为通过结晶的隐晶质石英（玛瑙）沉积的核心，在雨天和干燥的天气导致沼泽水域上升和下降使其酸度发生变化。重复的爆发和灰沉积可导致层层的茎和其他沼泽底部碎片周围形成玛瑙结晶。这种有趣的管状玉髓玛瑙有些呈红色。

⊙ 金丝玉

金丝玉在新疆阿勒泰地区被称作"额河玉""额河彩玉";在克拉玛依,已被克拉玛依市政府命名为"克拉玛依玉";在塔城地区和布克赛尔县将其注册为"准噶尔玉";在北京,它叫"楼兰玉""漠玉";在广州,它被称作"新疆金丝玉";广泛被石友认可的称呼则是"雅丹玉"和"新疆金丝玉"。

● 淡粉色金丝玉手镯

金丝玉是产于新疆的一种彩玉,主要在克拉玛依乌尔禾魔鬼城方圆100公里的阶地、戈壁滩涂沙漠地带,地表可以捡拾到。金丝玉属于石英岩质玉石,主要由隐晶质石英及少量云母、绢云母、绿泥石、褐铁矿等矿物组成的集合体,色彩种类丰富。其中红色金丝玉与南红玛瑙非常相似。

红色金丝玉产出还是比较少的,优质金丝玉有着一种宝石光,透明度也与南红玛瑙相似,多为微透或半透。金丝玉主要呈块状构造,其内部有着特殊的条纹,其条纹仅存在于内部,就像切开的萝卜一样,分布着萝卜纹理一样的线条,因此被叫作萝卜纹,但是与玛瑙纹——条带状结构不同。目前关于金丝玉的详细的矿物学研究及结构构造的研究文献资料还不多,对其颜色的成因尚有不同认识。

笔者结合现有金丝玉的初步研究认

● 红黄相伴的金丝玉手镯

● 金丝玉手镯

定向清晰的萝卜纹，明显的金丝玉浅深红色手镯。

116

为，金丝玉应该属于变质石英岩的成因，其呈现的萝卜丝纹，实际上是岩石的面状构造或线状构造，是岩石经动力变质，矿物颗粒脆－塑性变形定向排列导致的原始构造，现在的金丝玉颜色并不是其最初形成的颜色，而是在地质历史时期逐渐风化剥落呈大小不一的原石砾石后，随水流搬迁、磨圆、浸润，水流环境中的各种着色的元素沿石英岩的面理、线理充填浸染，最终呈现现有的颜色，沉积到现在的戈壁滩区域。

理由一，金丝玉目前尚未发现原岩，属于风化剥落沉积沙砾矿床类型，亿万年，不断浸润着环境的物理化学变化；

理由二，颜色的多变性，丰富的颜色变化来自同一地区的同类型原岩矿床这一特点不符合地质学的

● 金丝玉大块原石

● 金丝玉原石

● 品级高的红色金丝玉手镯

● 金丝玉手镯

半透明，清晰的萝卜纹。

一般规律；

理由三，部分岩矿鉴定分析揭示，一些标本实物在靠近表面的颜色较深，越向里逐渐过渡到纯白色的颜色，这揭示出原岩极可能属于无色－白色的变质石英岩；

理由四，金丝玉的岩石结构是隐晶质粒状结构，其本身的面状构造、线状构造会更容易使外界的矿物颜色随水介质溶解沉淀在金丝玉矿物颗粒周围。其表现就是颜色会向内渗透较大的距离。

联系和田玉的子料皮色特征，由于和田玉的纤维交织结构，其致密性要较石英岩类岩石高得多，另外和田玉本身没有明显的原生构造面理，偶尔见到的条带属于矿物结构条带，所以河床流域内的和田玉子料，其颜色经常附着于岩石表面，而表面附着厚度较大的色层，一般是此处岩石颗粒较粗大，质地松散造成的。其内部越致密，结晶颗粒越细，则颜色越不容易向内浸染。这从另外的角度可以帮助认识岩石矿物成分不同，结晶结构不同，以及岩石构造本身的不同，必然对岩石物理化学性质产生很大的影响，这也决定了岩石（玉石）呈现在我们面前的最终状态。

金丝玉除极品料子宝石光外，几乎所有可打手镯的大块料，都或多或少地存在金丝玉所独有的特征——萝卜纹或是石花。一般而言，那些颜色不自然，色泽匀称，又无萝卜纹或是石花特征显现的，多是染色的石英岩。

金丝玉和南红玛瑙的颜色形成机制不同，南红的颜色主要是原生的，其针点状的铁元素物质是与玛瑙同时形成的，而金丝玉的颜色与后期浸染相关，颜色特征与南红不同。

金丝玉从质地结构上与南红玛瑙不同，矿床类型也不同。金丝玉主要为戈壁滩零散卵石或戈壁崩解产物，至今来源不是很清晰，没有发现原生矿脉，而像南红玛瑙存在原生矿脉。金丝玉表面的特征为鹅卵石状，磨圆度高，表面较为光滑，由于所处环境不同，有些会有不同颜色的皮色，就像和田玉一样，有些表面有风沙打磨、侵蚀的现象。

如果单独来鉴别南红玛瑙和金丝玉，对于新手来说还是非常困难的，不论是色泽还是质地、油润度都非常的相似，两者即使是相似，但还是有些不一样的地方。南红玛瑙之所以能被大家喜爱，其颜色和质感是最大的特点，并且这种颜色的内敛是其他玛瑙所没有的，因此上乘红色金丝玉虽然也很红艳，但那种红的内敛神韵是没有的，两者同时对比下，质感也有区别。

● 颜色浓郁的金丝玉手镯，萝卜纹可见

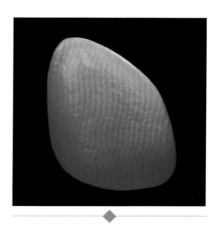

● 优质的橘红色金丝玉子料原石

⊙ 料器

高压力铸造料器仿南红出现时间较短，类似于以前风行一时的和田玉中的外蒙料的做法，制作工艺也是一样的。先把一些南红玛瑙废料研磨成粉，然后用高压力冲撞机挤压捶打成型，密度和摩氏硬度等都可以相对控制，成型后仿真程度超高。有如下特点，料器与南红最大的区别是无油脂性，高倍放大镜下可见一定的气泡。料器的物理特性较脆，断面呈玻璃状蹦口，上手较轻，密度相对偏低。目测料性浑厚，打灯透光度偏高。有高仿真缠丝纹理，但缠丝流向一致，有明显搅拌痕迹。碎口断面呈现玻璃状贝壳弧，或夹杂一些奇怪杂质，工艺极差。因不担心浪费材料，多为模具压制成型。

● 老料器仿南红玛瑙珠子

● 南红玛瑙马上封侯把件

赵琦 2014 年作品，重 79 克，市场参考价 36000 元。

南红质量评价

南红玉器饰品的质量评价需要从南红颜色、结构质地（细腻温润玉感）、净度、重量、透明度、雕琢工艺等几方面综合评价。准确评价南红器物的价值不能仅片面考察某一个因素，而必须是所有因素的优劣程度的综合集中。

颜色

颜色方面，以锦红为上，最为珍贵，往往可遇而不可求。锦红料均匀无瑕、细腻润泽，以红得纯正、艳如绸缎而闻名。但市面上非常少见，红色越鲜越亮，价值越高，颜色偏灰发暗则价值降低。

柿子红较锦红次之，颜色带黄，类似于成熟的柿子，柿子红是目前市面上最常见的高端南红料，经常被制作成珠串、戒面、雕件等产品，属于收藏投资潜力比较大的品种。好的柿子红珠子可以达到几万元一颗，而雕刻大师制作的雕件则能卖到上百万元一件。

玫瑰红颜色比柿子红沉稳，略微带紫，犹如盛开的玫瑰，比较受事业有成的成功人士喜欢。目前原料的市场价格约在 200 元／克。

樱桃红颜色虽比较鲜艳，但是透光度比较高，行话称"水头足"，看起来更加清爽亮丽，很受年青一代欢迎，经常被用来制作成带有时尚风格

● 南红玛瑙伏虎罗汉雕件

四川凉山料，颜色较均匀，红艳浓郁，质地细腻温润，李栋作品，重491克，市场参考价350000元。

的珠宝首饰。价格不如前三者，正处在崛起之势。

在南红器物中，除上述这些单纯均匀的颜色系列外，实际看到多的却经常是柿子红与玫瑰红的相互融合共存，红白两色料的交替，冰冻质地的飘花飘红，朱砂浸染。这就要求以这些单纯颜色的质量评价因素为基础，综合考量各种颜色的所占比例，分布形态，浓艳程度，彼此之间的交融关系等综合因素予以分析，才能做出准确的判断，而不是机械的。

关于南红的红，有着非常多的话题，在颜色分类上也有诸多的名称，除上述锦红、柿子红等这些耳熟能详的颜色外，还有南瓜红、柿子黄、冰冻等称呼，实际上南红的红色系列存在着诸多过渡色，但对红色色系过渡的划分对于大部分人来说，很难在感官视觉上对号入座，所以红色颜色的分类无须进行太细的区别。实际上，南红丰富多彩艳丽的颜色，每个色系的最顶级，都有它独特的美，非常难得。

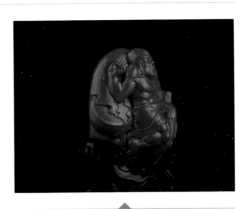

● 南红玛瑙降龙罗汉雕件

四川凉山料，柿子红颜色纯净，均匀浓郁，质地细腻温润，李栋作品，重 393 克，市场参考价 350000 元。

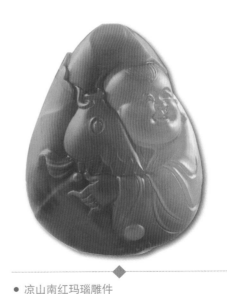

● 凉山南红玛瑙雕件

柿子红，黄冻，九口料，黄文中作品，市场参考价 35800 元。

质地结构

　　质地结构是南红质量评价的重要因素，陈性的《玉记》中曾经这样描述和田玉："体如凝脂，精光内敛，质厚温润，脉理坚密。"与具玻璃光泽的绝大部分玛瑙不同，优质的南红也具备相似的玉感，这种质地是南红重要的特质指标之一，也是南红观感上明显区别于其他红玛瑙的地方，优质南红有一种特殊的胶感和厚重感，是一种玉的质感。其由表及里的油脂感将南红的美玉特质表现得淋漓尽致。南红坚硬细腻不吃刀，雕刻者也普遍反映，南红的雕刻和以往制作普通玛瑙感觉不同。南红和白玉的特性很一致，处理的时候感觉料性非常好，细腻并具有一定韧性，非常适合雕刻，能够在南红雕刻中施展出非常细腻的工艺，成品表现力极强。质地结构越细腻，温润油脂感越强，价值越高。

● 南红玛瑙才子佳人雕件

　　柿子红、玫瑰红 ，设计别出心裁，玫瑰红和柿子红分别雕刻才子和佳人，罗光明作品，神工奖铜奖，长 52 毫米，宽 51 毫米，厚 28 毫米，市场参考价 100000 元。

完整度

完整度就是材料的裂隙多少的程度，不仅仅是南红的重要指标，所有玉石也是一样。以往大家比较熟悉的云南保山的南红的颜色非常不错，但在收藏界有清代即绝矿的说法。为什么有那么多保山南红材料，却从清中期就被宣布绝矿了，理由只有一个：裂。一个裂，就宣布了一种材料在玉石界的消亡。当一个材料已经无法加工出精美艺术品的时候，它即便再美，也只能成为一个符号，更无法登堂入室矗立在收藏界了。因此越是完整无瑕疵的玛瑙，瑕疵裂纹越少，质量越高，相应的器物的重量体积越大，其价值越高，而碎裂遍布周身的，价值将与废料无异。

由于南红原料的瑕疵裂纹的大量存在，现在的保山料，很多都是真空注胶后再进行雕刻，相对完整的材料非常罕见。甚至常听说一句话"无裂不是保山料"。因此，完整度在南红质量评价中显得尤为重要。近年来随着南红凉山矿的发现发掘改变了南红伤裂多的现状，在凉山南红矿中发现了块体较大并非常完整的材料。一经面世就受到业内行家的首肯，更受到藏友们的疯狂追捧。因此南红玉器饰品的完整度成为南红质量评价中的重要因素，附着其上的诸如颜色、结构质地等因素对质量的影响就会位于完整度之后。

● 南红玛瑙海上风韵雕件（一）

重86.2克，蒋宏利作品，2014年上海第六届玉龙奖金奖。

● 南红玛瑙海上风韵雕件（二）

重87.3克，蒋宏利作品，2014年上海第六届玉龙奖金奖。

重量

　　材料的重量，是南红质量评价的重要因素，可参考传统玛瑙学的玛瑙分级标准：原料块重 4.5 千克以上者为特级，1.5 千克以上者为一级，0.5 ～ 1.5 千克为二级。但实际上，这个重量分级标准相对于南红原料的珍贵稀有，可谓高了不少。重量是南红质量评价的重要因素，重量越大价值越高。南红的重量体积与其质地的完整度紧密相关，只有具备好的完整度，重量体积随之成为重要的评价标准！历史上的南红玉器基本以美珠为主，其原因也是受到了南红材料大小的限制。收藏级的南红肯定需要具备一定的体量。在其他指标都优秀的情况下，肯定体量越大越好，越稀有，自然价值越高，这也是所有珠宝玉石的共同规律。

透明度

　　透明度是南红透光强度的指标，透明度与南红内部矿物结构密切相关，是界定南红品质的指标之一。在南红的各类器物中，透明度由微透明至半透明，再到近乎透明，不同的颜色质地类别透明度存在较大差异。透明度对南红的质地、颜色会产生烘托作用。适当的透明度可以把南红的细腻、润泽、脂性、色美烘托得更好，半透明的南红质地则感觉水头足，缺乏脂性，而不透明的南红

● 南红玛瑙俏色开天辟地雕件

此雕件俏色分明，质地油润，红色浓郁，工艺精湛，不落俗套，盘古披头散发，怒目苍穹山川，脚踏五洲江河，一斧定乾坤。重313 克，市场参考价 1250000 元。

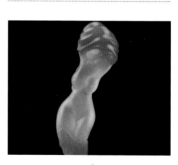

● 南红玛瑙裸女雕件

曼妙的身姿，通透的肌肤，丰润标致的身材，前后层次分明，并且颜色运用得也十分巧妙，使得整件作品的造型与颜色达到完美的艺术效果。重 20.2 克，市场参考价 100000 元。

质地，则显干涸，不润泽。

如前所述，南红玛瑙中的颜色"朱砂"点的聚集疏密程度与南红玛瑙质地的透明度密切相关，一般而言，在高品质的南红玛瑙中，如锦红、柿子红系列中，由于"朱砂"点的高密度聚集，造成了对入射光的反射和折射，从而导致南红玛瑙的透明度降低，成为微透明状，当然，在以红色浓艳程度为标准的颜色系列要求中，这种透明度无疑是最高的标准，它也是南红玛瑙产生"玉"质感觉的基本条件。

另一方面，透明度的差异构成了对南红鉴赏的不同要求，有时很难说透明度低的，其价值就高，透明度高的，其价值就低，这还要根据实际情况，取决于具体的材料应用和鉴赏的角度。在偏向传统强调"玉"质感要求的体系中，过透的质地不能很好地凝聚这种细腻温润的质感，这时微透明至半透明便是最佳的标准；而对于那些透明度好的通透玉料，在用贵金属制作的珠宝首饰系列中，南红在加工成宝石戒面且能保证颜色的红艳浓郁的情况下，好的透明度不但不是缺点，反而成为了优点。虽然透明度的提高固然会带来玉石"玉"感的感官视觉的下降，但现代宝石学的审美要求恰恰是欢迎宝石材料的透明、反光、折射，推崇宝石颜色的绚丽鲜艳，是美的直观传递，而我们传统上对美"玉"的欣赏标准则是含蓄的美，传达的是一种内敛、神秘、高深、博大之美。两者审美标准不同，存在差异，但能做到兼容并蓄、适时转化、求同存异、认同大自然的客观之美，其他问题迎刃而解。

● 南红玛瑙恬静雕件

川料玉雕精品，利用天然的颜色质地差异，将人体的身体、头部以及发型几部位的颜色巧妙区分，自然生动，李栋作品，重27.2克，市场参考价260000元。

● 南红玛瑙我如意雕件

冻料俏雕佳作，造型流畅大气，用色巧妙，罗光明作品，重7.9克。

设计雕工

在雕刻制品的质量评价中，在上述描述的几个评价因素的基础上，设计以及雕琢工艺将成为重要的评价因素。同样的一块原料，好的设计雕工与粗劣的设计雕工相比，价值相差巨大，可以形成几倍甚或十数倍的差距。一件优秀的南红玉器，设计和雕工就是它最大的评价因素。

杰出的玉雕师，能化腐朽为神奇。构思设计是第一步，也是决定作品成功或失败的关键，它甚至超过了具体的雕刻技巧，雕刻技巧仅是在设计构思的精妙思维中的具体运用。好的设计立足于玉材本身，扬长避短，避实就虚，新颖独到，主题鲜明，寓意自然，大气滂沱，惟妙惟肖，这些因素是一件优秀作品必不可少的，加之鬼斧神工的精心雕刻，巧妙利用颜色和纹理特殊的变化，从而达到浑然天成的意境，这样的南红玛瑙才能体现出其真正价值。

由于南红玛瑙材料的珍贵，体量尺度上相对小的原料，就更需要充分利用材料本身的形状特点、颜色的分布状态、质地结构的变化、原石的构造等特征，量体裁衣，施展业内所谓的"工就料""料就工"的本领。"工就料"，顾名思义，就是设计雕刻要根据材料本身特点，迁就其形状，颜

● 南红玛瑙俏色精雕鸟巢摆件

此雕件为俏色精品，刻画细致，栩栩如生，整体形态大气端正，重131克，市场参考价1488880元。

● 凉山南红玛瑙渔翁雕件

红白料，俏色设计巧妙，艺术感染力极强，李栋作品，重41.1克，市场参考价60000元。

● 柿子红南红玛瑙蝶花恋挂件

九口料，重 20.5 克，市场参考价 3500 元。

色特点，最大程度保留原料重量和皮色等特征；而"料就工"则正相反，即材料体量、颜色等因素能够充分保障设计雕刻的思路，材料在一定程度上可以不计损耗。

对于南红不同材料的设计雕刻，最重要的是设计，设计中重要的是体现人文的自然品味和优雅的文化内涵，而这种品味的体现首先决定于具体的细节表现。不管是以红色为主的颜色相对均匀的材料，还是其他颜色不均的红白料、冻料等材料，实际上，南红玛瑙材料绝大多数情况是存在颜色质地价格高涨的细微变化的，这种变化为南红玉器设计创作带来了困难，同时也带来了挑战。正是由于南红材料的变化，给南红玉器创作带来了奇妙的想象空间，从而也涌现出了一些巧夺天工的设计创作。

特别是南红的一些俏雕作品，如红白料、冻料、冰飘、黑红料，这些材料的作品设计主题首先要清晰完整，其次在颜色利用上要色彩分明，恰到好处，不让人感觉到是为珍惜材料的重量大小，而牵强附会，勉强，生

硬，成为机械的"工就料"制品，而是自然的惟妙惟肖的设计处理，要把这种工就料的痕迹隐藏在作品的设计中，在欣赏的过程中人们关注的只是浑然天成的作品。优秀的作品必将是"料就工"的因"材"制宜。

玉雕对创作者而言是复杂的过程，艺术创作充满了艰辛，会有彷徨和推敲，但绝不允许反复，也不能反复，反复对玉雕作品意味着失败。而对于鉴赏者，我们看到只是一个创作结果。虽然难免仁者见仁智者见智，但对于任何艺术作品，它们既有个性，又有共性。这个共性就是一个"美"字，当然，这种美的表现形式是多样的，内容也是多样的。有自然之美、人文之美甚至是壮烈之美，它们在传达着社会的方方面面，歌唱着自然，缅怀着历史，赞颂着今天，憧憬着明天，南红的玉器设计制作也应遵循着这一原则和规律。将一件本不被常人看好的原料化平凡为神奇，是考验设计雕刻家创作水平的真命题。雕刻设计的过度烦琐和雕刻技艺的大量使用，未必能创造出优秀作品。好的南红作品在设计雕琢上应该简繁有度，当繁则繁，当简则简，器物饱满，主题突出，尊重经典，清新有趣，巧妙用色，线条有力，圆滑自然，错落有致，圆雕传神，浮雕达意。

南红玉器的鉴赏选购，首先要结合南红的价值评价规律，再结合具体的器型特点，才能对饰品器物的优劣程度和价值高低做出客观准确的判断。对不同的南红玉器类别要分别对待，具体研究。对于不带刀工的光面珠串类组合饰品和带刀工的雕刻玉器，它们的鉴赏标准和考察的重点有所不同。

南红鉴赏收藏要领

串饰类光面南红饰品的鉴赏选购

以圆珠为主的串饰类光面南红饰品主要以手串和项链形式出现。男士手串颗粒直径一般在10～20毫米，女士手串以单圈和108粒多圈缠绕佩戴为主，南红圆珠一般在6～10毫米最常见。

南红珠串饰品在串接组合工艺上变化丰富，目前市场主要有三大类型。这三类珠串饰品主要用于手串、项链的制作，也有单独作为胸坠的情况，如平安扣、路路通等。

一类是纯色独立使用，即全部用南红组成而不用其他珠子。这样可以最大限度地表现出南红的美。这对南红玉质和颜色要求较高，珠粒间最好无色差，珠粒规格要求尽可能均匀、齐整、大小一致。

第二类是在南红珠粒之间配以椰子壳儿或紫檀片或黑玛瑙片等，用黑色对红色进行区域分割，一来可增加手串韵味，再者可以弥补珠子之间的色差，总体会有一种俏皮的装饰美。

● 南红玛瑙佛珠手串

凉山九口料，满肉柿子红，直径7.5毫米，108颗，市场参考价7800元。

● 南红玛瑙佛珠手串

满肉柿子红，108 颗佛珠手串，配泰银、青金石、蜜蜡。

　　鉴赏选购上述两类珠饰可以遵循共同的原则，珠粒直径大小选择宁大勿小，每粒单珠规格基本一致为佳，表面光滑无裂隙为佳，颜色上可以根据个人喜好选择，当然，高级别的红色系锦红柿子红，均匀浓艳为最佳，其次玫瑰红，再后樱桃红、朱砂红，颜色整体感觉越均匀越好。而对于柿子红、玫瑰红的火焰纹，当颜色对比鲜明，形态绚丽多姿，粒径较大时价值往往不低，是很好的类型。此外冰飘的品种组合在一起，根据色块的大小和飘散特征，价格相差也会很大。

　　第三类是多宝串，即用多种材质进行组合搭配，南红在其中既可能是主角，也可能是配角。常见的主要品种有蜜蜡、青金石、绿松石、象牙、石榴石、水晶等不同颜色质感的宝玉石，其中与南红最为搭调相配的是蜜蜡、青金石和绿松石三种物质。或黄红颜色相配，或红蓝颜色相配，或淡蓝、黄绿、红色相配，珠粒形状搭配协调，彼此颜色相映，会有赏心悦目绮丽多彩的效果。多宝串的选择，不仅要考察南红珠饰，还要考察其他组合在一起的饰品材料，根据这些材料的稀缺性、颜色大小和磨制工艺做出综合推断。

南红玉雕的鉴赏选购

带有刀工的南红玉雕制品种类较多，在了解南红玉器类别和南红价值评价基础上，还应了解南红的工艺加工特点，其次是南红雕刻所表现的题材内容。这对鉴赏选购所有的南红雕刻制品都是不可或缺的知识。以下从几方面简单叙述。

⊙ 南红玉雕鉴赏收藏的基本要领

我们在以上各个部分已经强调描述了南红材料的基本特征，阐述了其稀缺珍罕的本质，勾勒出了南红材料的总体轮廓，这是鉴赏选购南红玉器饰品的材料基础，在了解了本章节的南红玉雕技艺、玉器类别和雕刻内容后，可以得出一些客观的认识规律。

首先，南红玉器在体量规格上，单件器物重量小的在 10 克左右，20 ~ 30 克这个区间基本上是市场主流。而超过 50 克的南红器物已算是较大件的，100 克以上的已经稀有，1000 克到 3000 克这个重量区间可能是目前发现的南红器物的最高值。当然，在南红原料方面尚有超过 3 千克以上的，把握了南红玉器的重量大小的尺度轮廓，在鉴赏选购南红器物时是十分重要的，它是一个基础的量的概念。

● 凉山南红玛瑙美好挂件

柿子红、荔枝冻俏色雕件，
王建忠作品，重 45.36 克，
市场参考价 45000 元。

● 南红玛瑙龙纹吊坠

● 南红玛瑙大圆珠

"要努力保大。从我们过手的材料来看，能达到 300 克以上的精品南红少之又少，能做成炉、瓶这样的规矩器皿我几乎没有看到，能切割出无色差、无瑕疵的规矩牌料的概率也就在 5‰ ~ 10‰ 之间而已。"这是苏州南红玉雕专业委员会主任丁在煜先生的感慨。

其次，南红颜色系列的相对单一，有助于树立起比较清晰的颜色图案，从而建立一个颜色质地价值坐标，可以把它视作半定量的概念。

第三个认识则是设计雕工，尤其要强调的是设计构思，它是南红玉器作品成败的关键，体现在南红玉器的价值上，便是失之毫厘谬之千里。好的设计创作较之粗略的制作，价值相差数倍甚或数十倍，因此设计雕工在南红玉器中占有非常重要的位置，可以说它是一个定性的概念，这个定性的因素决定了南红玉器的最终价值。

在工艺技法上继承了玉雕中的圆雕、浮雕、镂空雕等传统雕刻技法，这些技法合理应用，围绕材料本身特点进行设计制作是南红玉器制作的整体情况。材料的稀有宝贵，大料不易求得，也决定了南红玉器在创作上的空间较为狭窄，没有大的空间可以施展。

若将南红与白玉开料比较，白玉开料往往是做减法，而南红开料正相反，在正常的消费市场中这无形中对鉴赏者提出了包容的心态。正视这个客观事实，在鉴赏选购南红玉器时，在较大型的玉器摆件上出现些许瑕疵、裂隙等，属于正常的一个情况。

鉴赏选购要点要看作品的整体结构，一般要求主题突出、层次分明、意境清楚、雕工合理。在设计上现实主义和超现实主义手法并重，在有限的创作范围内充分表达空间感，制作过程中要符合透视的一般规律，玉料的质地差异要区别对待，颜色巧妙运用。体量较大、完整度好、色彩鲜艳、器物饱满、造型端正、用色绝妙、雕刻精细等因素决定着南红玉器的最终价值，这些因素是鉴赏选购南红玉器的重要参考标准。

在设计创作中器型端正大方，饱满厚重，俏色绝妙，人物刻画传神，瑞兽威猛庄严，构图层次分明，雕刻细腻，线条流畅有力，这些特点是优秀的南红玉器作品必不可少的因素。抓住以上这些元素，在鉴赏选购南红器物时，自然不会盲目。

从目前所知的资料看，重量2千克以上的南红高品质原料，在各地收藏者手中有一定数量，虽然量不是很大，却是制作南红重器的重要原料储备，加之现有成器的数量，毫不夸张地说，当代南红玉器的创作数量已经超过历代传世所见，在未来可预见的今后几年里，必定会有数件甚或数十件南红重器面世。这个世纪，南红创造了自己的历史！

● 南红玛瑙柿子红关公雕件

李映峰作品，重95克，市场参考价130000元。

● 凉山南红玛瑙猴子挂件

柿子红，苏工，重 14.8 克，市场参考价
2600 元。

● 凉山九口南红玛瑙柿子红笑佛雕件

邹小东作品，重 27.7 克，市场参考价
4900 元。

⊙ 南红玉雕的基本技艺

南红的玉雕技术是在继承发扬传统玉雕技术基础上，结合南红材料本身特点总结出来的。优秀的南红作品，其艺术工艺之美，需要靠大量传统玉雕技法的应用才能表现出来。雕刻的技法有圆雕、半圆雕、浮雕、线雕。由于南红材料本身的结构特性，南红结构不同于白玉的交织结构，而是隐晶粒状短纤维状，比较脆，裂痕多，在加工南红过程中，会出现"爆边"的情况。这样的特质使得细节很难雕，所以镂空雕的技法很少在南红玉雕中使用，这个规律是很多雕刻艺术家在实践中总结出的。此外，由于南红材料的稀缺性和较大体量材料罕有的限制，允许在玉雕制作中保留必要的瑕疵和裂隙，这是南红玉雕制作的基本现实，这也是造成现在市面上传下来的大多是珠串类的小件器物的原因之一。故宫博物馆馆藏的"红白双鱼花插"存在着一定的瑕疵也是这个原因。

⊙ 南红玉雕的俏色运用

　　"巧色""俏色"是南红玉雕制作的一个重要表现手法。也是鉴赏南红玉雕作品的重点之一。在传统玉器制作的过程中，玉雕师常会尽可能地保留玉石上的自然颜色和原料块度，巧妙利用材料本身的颜色差异、质地差异，分色、分质地地尽量将它们巧妙地运用在雕刻的题材中。通过这种颜色质地的巧妙分别，使它们更加栩栩如生，不但不会成为瑕疵，反而能使制成的玉器更加生动起来，独具特点，有巧夺天工之美妙，这类制品往往会成为佳作。

　　鉴赏选购俏色南红，更需要综合评价，不能仅靠颜色或质地等个别因素决定其好坏，而要通体考虑俏色的运用是否得当，整体布局是否均衡，

● 南红玛瑙仙鹤延年挂件

　　四川凉山料，纯天然柿子红、玫瑰红，苏工，重46克，市场参考价15000元。

● 南红玛瑙平安如意鹌鹑雕件

俏三色挂件，重 28 克，市场参考价 15000 元。

层次是否分明，主题是否突出等因
素。通过俏色的运用，一块可能常
人眼里的差料、次料，很可能通过
雕刻师的巧妙构思设计而成为艺术
精品。随着工艺技术的发展以及人
们审美能力的提高，在巧色的基础
上又进一步，形成了俏色的玉雕技
法。俏色玉雕的最大特点在于不仅
将原料丰富的颜色保留下来，更是
利用不同的颜色部分将其所要表达
的主题更鲜明地展示出来，使它成
为整件玉雕作品中的亮点。俏色运
用得好，作品将会形神俱备。俏色
的利用要绝妙，而机械的、勉强生
硬的颜色就是败笔。

● 南红玛瑙俏色精雕仕女把件

盐源料紫绿玛瑙，设计新颖，雕刻精细，
玉质温润细腻，写实和夸张相结合的表
现手法独到。苏工，重 41.3 克，市场
参考价 17000 元。

⊙ 南红玉雕的题材内容

南红玉雕作品表现的题材内容十分广泛，主要为山水人物、花鸟走兽等。

在人物内容方面，观音、佛、侍女、童子、寿星、神话人物、文人学士都有。南红玉雕人物通常采用圆雕技法，鉴赏选购时要注意人物身体的比例关系以及面部表情，行内称之为"开脸"，开脸精细到位能表现出人物生动的面部特征，眼神是刻画人物个性、气质的关键。体态身段和衣褶线条的刻画，是表现人物状态的重要内容，要遵循动静相生、简凡得宜的原则。观音造像一般要求端庄稳重，肃穆庄严；佛造型要体现"笑天下可笑之人，容天下难容之事"，注重开脸的神态笑容，佛的肚量也要惟妙惟肖展现出来；侍女飘逸唯美，含蓄典雅，仪态稳重，体态方面更接近现代

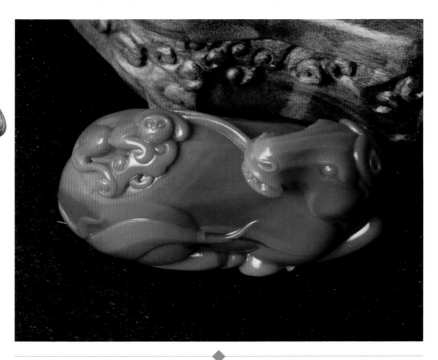

● 南红玛瑙马上封侯摆件

柿子红，凉山料，重127克。

人的审美情趣；童子要刻画出喜庆欢乐、表情稚气、憨厚可爱的胖敦敦的形象。表现古典人物题材尤其注意，而按照现代人的审美标准写实雕刻则是败笔，因为它不能传达娴雅的古风和意境，除非是现代题材人物创作。神话人物、文人学士等题材要体现出人物的鲜明个性特征和古风意境，传达人物的饱满形象。

在花鸟走兽方面，写实手法是基础，也常作为人物、风景的陪衬出现，题材广泛。鉴赏选购时要注意花草结构布局上应安排得错落有致、层次分明、玲珑生动、飘逸清雅；飞禽走兽要灵动自然，对动感力量的体现是刻画的重点。神兽要体现出霸气而不邪恶的气势，主题突出，气势磅礴。

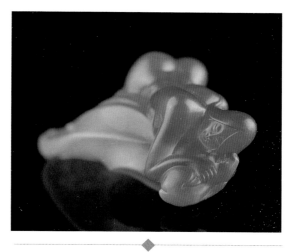

● 南红玛瑙美人与兔暮楚雕件

顶级联合料，李栋作品，重 36.7 克，市场参考价120000 元。

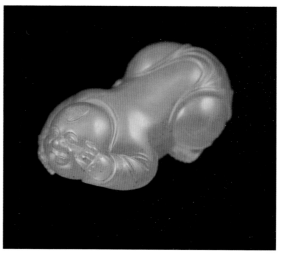

● 南红玛瑙纳福童子雕件

水红，联合料，李栋作品，重23.9克，市场参考价30000元。

⊙ 南红收藏特点

经过几年的发展，目前南红市场消费收藏呈现以下几个特点。

其一，投资原石少，购买成品多。南红原石的赌性很大，有些外表看上去非常完整的材料，去掉外皮后发现伤裂非常多，根本无法使用。收藏南红原石需要更丰富的专业知识，以及长期的切料经验。

从某些方面来说，购买南红原料不比翡翠原石赌料的风险低。比如凉山的红碧玉原料，其外表有时和南红原料几乎没有办法区分开来，这就是业内的感慨，原料赌的究竟是不是南红都成了问题，这就是原料的风险之一。有时购买到的南红原石外表看起来完整，但切开来究竟如何还是未知；有时即便买到了好料，委托加工的过程中还存在变数和风险。因此，投资者们很多转向南红的成品。

其二，买新多买旧少。新品南红价格日益高涨，老南红传世甚少，市场流通以美珠为主的配饰品为常见，艺术性相对较差，投资价值也达到了一定的瓶颈。成器老南红作品基本收藏于国家级大型博物馆中，普通爱好者根本无从涉猎。新南红随着四川凉山矿的发现，较大并完整的材料使创作收藏级南红藏品成为可能，优秀作品得到追捧。

其三，当代名家作品及优秀创作作品成为投资热点。我国玉石界一直以来流传着这样一句话："玉虽有美质，在于石间，不值

● 南红玛瑙双喜临门手把件

凉山南红玛瑙柿子红、玫瑰红，俏色巧雕，满肉透润，重 156 克，市场参考价 25000 元。

● 南红玛瑙喜蛛吊坠

四川凉山料，苏工，重 14.5克，市场参考价 5000 元。

良工琢磨，与瓦砾不别。"说的就是如果没有工艺师鬼斧神工般的精心雕刻，一块玉石是很难体现出它真正的价值的。

业内评价玉雕有三个原则：一是玉石材料要得到完善利用，二是雕刻技能精湛演绎，三是巧妙传达艺术神韵。名家制作的玉雕具有很好的收藏价值，因为玉雕的手工制作周期很长，每一位艺术家的作品数量都是有限的，具有很高的艺术价值。

目前玉器市场已经开始注意品牌效应，名家、名牌、名品玉器等因素都在一定程度上提升了玉器的价值，这也导致如今玉器只涨不跌，就算短期内价格没有上去，长远来看也必然会走高。名家作品，无论是历史上的陆子冈，还是现代琢玉名家的作品，价值都会越来越高。当前，一块锦红南红随形牌，四五厘米左右宽，一两厘米厚，名家之作的精工作品，价格都在 20 万左右，有些甚至达到 30 万以上。很多人还因为持币而觅不到南红上品而遗憾。因此，当代名家作品、名品也许还有很大的升值空间。

● 樱桃红、玫瑰红四川凉山南红玛瑙美女挂件

顶级联合料，李栋作品，重 36.5 克，市场参考价 40000 元。

南红赌石

  南红赌石同翡翠、和田玉一样，存在着巨大的商业风险，同样演绎着"一刀穷，一刀富"的故事。在西昌南红玛瑙交易市场上，每当有原石进行交易时，经常能看到买家手持强光手电筒，不停地围着石头照射，品相入眼的便驻足不前，接着用水往石上一浇，再打开手电筒，对着湿润处细细查看。原石外部包裹着一层厚薄不等的风化外皮，看起来跟普通石头没多大区别。即使在科技发达的今天，也没有任何一种仪器能穿透皮壳，看清里面玛瑙的优劣，也正因为如此人们只能根据经验猜测判断它的内部情况，赌石过程往往极度紧张、刺激，不到最后一刻，你永远无法知道究竟输或赢了几分。

  当地一位石商曾多次参与赌石。他经典的一战是以 2.4 万元赌到一块原石，现场切开后发现是极品锦红料，估价 60 万元。这块石头据说后来被带到北京参展并引起关注，报价连续突破 100 万、200 万、300

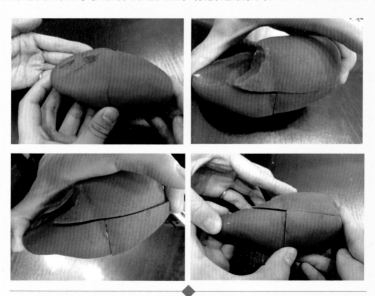

料子剥过原皮，算是明料，剥完以后表面光滑平整，颜色红润。

万元大关，现在一名珠宝商已开价 317 万元，但其仍然不舍。

但同样是这位石商，也照样有过失手。他曾经花 17 万元买了几块原石，当场切开，结果切一个扔一个，眨眼间 17 万元打了水漂。这位石商还亲眼见过有人花 120 万元赌石，现场切开后直接就扔掉了。

赌石更为奇特的是，还有人玩 "击鼓传花" 的游戏：某些比较大的原石，谁也说不清楚里面到底是什么，但只要不切开，就一轮一轮地玩下去——甲花 20 万元买来，并不打算切开，只是玩转手；乙花 30 万接手后也不敢切，还是继续转手；丙花 30 万后更担心预期落空，万一它真就是一块鹅卵石呢？谁都心里没底，谁也不想说穿，只好继续玩下去。它可比烫手山芋，不那么好玩，谁都没想成为最后一棒，但总会有人接到最后一棒。

赌石充满刺激和残酷。几千几万元的赌石只算小赌，几十万甚至上百万可算大赌。而赌石巨大的风险，让普通人无论是从经济能力上还是专业知识上都难以驾驭。当地行内人士有 "不识场口不赌石" 一说，每个玛瑙场口都有各自特色的料子，除了行家，普通人极难分辨。因此，普通人最好不要参与赌石。

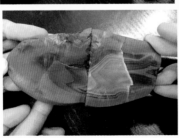
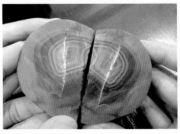

原石切开后，中间布满缠丝玛瑙，可用的南红玛瑙只有外面一圈。

● 南红玛瑙喜事连连把件

　　赵显志作品，重 49 克，市场参考价 50000 ～ 80000 元，成交价 70000 元。

淘宝实战

南红市场动态与价值走势

南红市场在短短 5 年的时间里，从原料发现到玉器制作，再到市场成熟，创造了一个玉石奇迹，它已经成为玉器史上的一个重要里程碑！

对于南红只用了短短 5 年时间，就达到几乎可与白玉比肩的地位，苏州南红专业委员会的丁在煜先生认为，需要理性面对这一客观事实："在自然界的红色宝玉石中，只有红宝石、碧玺、红珊瑚、红玛瑙和玉髓这几类。红宝石和碧玺原材料块度较小，不宜雕刻，红珊瑚硬度较低，也不宜雕刻，红玉髓色泽过于单调。从块度、色泽和丰富性上看，只有红玛瑙是优势最明显突出的一个。因此在市场需求的刺激下，南红迅速蹿红是在情理之中的。"

南红市场发展概况

资源的稀缺珍贵，历史的文化传承以及市场对新的玉石材料的渴求，成就了今天南红市场的传奇。南红玛瑙的火爆表面上看是四川南红玛瑙的优秀品质的体现，实际是中国当代玉文化繁荣兴盛的表现，是中国当代玉文化进入百年一遇辉

● 南红玛瑙老坑极品柿子红、锦红龙把件

38 毫米 ×27.5 毫米 ×16.5 毫米

保山料，市场参考价 50000 元。

● 南红玛瑙冠上加冠吊坠

保山料，满肉柿子红，市场参考价 10800 元。

● 南红玛瑙松下会友雕件

　保山料，满肉柿子红，市场参考价 35000 元。

煌期的又一佐证！

　　在 2009 年凉山南红原料大规模出现前，实际上，据业内人士反映，2001 年前后，南红在广州玉器街已经现身，只是在当时环境下，对它研究认识不够，人们并没有对它引起足够重视。而这种红色的石头在西昌原产地那边人们用来做打火石，用它来砌墙。当地人都觉得这种石头不值钱，在路上随便捡拾。那时的人们并没有像今天这样深刻地认识它。

　　2009 年，有美姑县人黄玄背着"打火石"到浙江宁波参加首届中国宁波收藏展览会，期间引起中国地矿专家、中国观赏石协会科学顾问杨松年教授的注意，并断定这些并不是普通石头，而是质量非常优良的天然红玛瑙，自此引起业内关注。同年，业内一些对南红有独到见识的收藏家和经营者，如赵靖玥、刘仲龙、蔡红、陈海龙等，他们带着对南红炽烈的喜爱，不畏艰辛，深入大山寻觅探索南红的矿源，有的一波三折，有的按图索骥，不论最初的艰辛或者幸运，最终都取得了成功，并收购囤积了大量优质南红原料，把它们带到了北京、上海和苏州等地。随后闻风而动的大批的南红收藏经营者也陆续深入原料产地，安营扎寨，收购南红原料，为南红市场的爆发准备了物质基础。

2010 年，北京珠宝展会市场最早出现了数量较多的南红玉器制品，那时对绝大多数人来说，尚不知南红究竟为何物，即便在业内，也仅仅极少数接触过的行家有所认识，但毕竟带着几分朦胧神秘的感觉。其后，通过业内的介绍，经过各地雕刻师的试刀，在短短的 2 ~ 3 年时间内，尤其是 2010 ~ 2013 年，各地制作了数量相当可观的优秀作品，特别是苏州、上海、北京的雕刻艺术家们响应迅速并组织起来，利用多种形式，积极推广。

从 2010 年开始，北京和苏州的玉雕艺术家慧眼独具，引领全国的南红创作。北京的豆中强、裘进、李仁平等人的南红玛瑙创作迅速被圈内所认可，紧接着更多的玉雕艺术家也加入其中。苏州参与南红玛瑙创作的玉雕名家则更多。2010 年左右，苏州玉雕名家杨曦、蒋喜、瞿利军、赵靖玥、赵显志、俞挺、吴金星、范同生、罗光明、李栋、李剑、侯晓峰、黄文忠和叶清等诸多人也相继参与其中，推动了南红玛瑙玉器创作向更高水准的方向发展。

南红创作的成熟也让南红热持续升温。一大批技艺成熟的玉雕创作者，特别是玉雕名家共同投身南红创作，大大提升了南红作品的艺术品质和收藏价值，进而拉大了南红的增值空间。南红市场随之炽热爆发，受到珠宝玉器界的追捧，市场行情急剧升温。据业内流传的一份不完全统计数据显示，全国一定规模的南红商家有 2000 余家，以每家沉淀其中的资金 100万元计，至少已有数十亿的资金沉淀在各个环节。

我们可以看一下原料的行情，就知道南红市场究竟何等火热！ 2000年，一颗南红老珠的价格才是几元到十几元，2005 年达到了几十到上百元，2011 年达到了几百元至上千元，其中极品成色的老南红南瓜珠价格甚至过万元。2009 年，凉山当地大规模地收购南红，价格不到 20 元每千克！就算好的南红原石，也只有三四百元每千克。随着南红市场的爆发，南红材料自然水涨船高，从 2000 年的几十元、上百元每千克，达到了现今高端材料每千克数万元甚至更高的价格。

● 南红玛瑙博古纹方章

范同生 2014 年作品，重 130 克，市场
参考价 120000 ～ 150000 元。

南红集散市场

南红原料从产区开采出来，有的在当地集散市场上交易，有的加工制作成成品又返回到原地；有的直接被外地客商采购，原料或加工完成后的成品又出现在新的市场，南红就这样迅速走向了全国市场。

⊙ 保山市场

在保山，沙坝营和农民街是南红的集市交易市场，属于简易摊位经营，规模并不算大。市场以手串项链串珠和南红原石为主，其中不乏成色非常好的南红，许多质量参差不齐的滇南红就是从这里走向全国的市场。这条街上质地色泽好的南红玛瑙原石很多，外地的原石采购商贩一般先观察货物，把握颜色质地，当卖家报出南红玛瑙价格时，商贩的脸上往往有种惊呆的表情，热血沸腾，快速反应，价格肯定过高了。经过多次的讨价还价，价格始终不降，可以看出有些小商贩虽然目不转睛、依依不舍地盯着南红原石，但终究还是放了手，被后上来的大商贩收了去。这是保山市场的一个情景缩影，虽然这条小小的南红玛瑙街不能代表整个南红玛瑙市场状况，但也侧面反映出了南红玛瑙产出量的减少，正是由于这种减少，南红玛瑙价格也在不断提升，其中南红玛瑙原石价格涨幅更是惊人。这就是原料基地的真实写照之一。

● 保山南红玛瑙市场

● 保山南红玛瑙市场

⊙ 昭通市场

　　昭通的南红集市点多分散，以昭阳区为例，目前专营南红玛瑙的店铺商家就已经有三十多家，全市参与南红玛瑙材料收购、产品粗加工、代理加工、代销的商家不下两百家。许多本地南红爱好者以兼职的形式建立起了自己的家庭南红梦幻加工厂，一些在外地进入了珠宝行业人士，也因为昭通有了美丽的南红，而纷纷回到故乡加入昭通南红的创业队伍。也有在外地打工的昭通人，回家收购昭通南红玛瑙赚了第一桶金后，在北京、苏州做起了南红玛瑙生意。昭通南红玛瑙市场起步着眼点较高，不以简单加工珠子坠子为主，而是直接进入精品雕刻和赏玩较高端的南红画面石。

● 昭通南红玛瑙市场

● 昭通南红玛瑙市场

⊙ 西昌市场

　　西昌是凉山南红原料的主要集散市场。为规范南红原料市场的健康发展，2013年9月，四川西昌大凉山南红玛瑙城建成开市。玛瑙城占地近万平方米，坐落于西昌市海门渔村，是一条专门经营南红玛瑙原石以及成品的商业街，现已有很多南红商家入驻，每天都会吸引成千上万的买家前来挑选购买。而早在当年9月底，南红玛瑙商家就已集中到玛瑙城中进行统一经营，散落在各处的散户经营者有了大本营。过去，西昌市的民族风情园一带自发形成了多个玛瑙交易市场，是玛瑙销售的主要集中地，但当时只有20多家，现在，南红玛瑙城已有商铺80余家，柜台500多个，还有几百个地摊，每天人流量超过3000人，成为全国最大的南红玛瑙原石交易集散中心。除了规模迅速扩张，市场产业链也在逐渐延伸，除了原石交易，后续的精深加工，也被吸引进来。大凉山南红玛瑙城市场分为原石区、加工区、半成品区、成品展销区等，玛瑙城内已初步形成了从原石交易到初加工，到手工雕刻，再到最后成品销售的完成，产供销一条龙服务。

　　玛瑙城吸引了来自北京、天津、内蒙古、广东、广西等地客商交易，目前该玛瑙城南红玛瑙市场价值预计50亿元人民币，是我国最大的南红

● 西昌南红玛瑙市场

玛瑙交易市场。2014 年 7 月，凉山在这里举办了首届南红玛瑙节，来自全国各地的 150 位玉雕大师以及众多南红行家、珠宝商等纷纷前来参加。主题论坛上，很多行家发言称，南红玛瑙以其独具的魅力已在整个宝玉石行业占据一定地位，正处于发展的黄金时代，但这个行业未来，必须加强引导和管理。其实从现阶段来看，很多人对南红的认识已经回归理性，投资开始谨慎起来，价格虽然贵，但涨幅基本处于一个相对平稳的状态了。

现在，在南红玛瑙主产地西昌，南红玛瑙原石供应相比以前少了许多，但前往市场购买原石的人络绎不绝，一个早上就有千人之多。在市场上虽然每个摊位一堆一堆地摆满了南红玛瑙原石，但是好料却非常稀少，多以小料为主，偶尔看到一些优质南红原石，上前一询价，全是万元起！不过即便是如此高价，好料还是比较难寻。南红原石价格的涨幅如此之大，如此之快，牵动着经营者的神经。相对于上万元起的优质原石，普货的价格涨幅倒不是很大，不过像一些好的珠子原石料也要两三千元每千克了。而一些颜色稍微纯一点的，一二百克左右的，克价都在两百元到五百元之间了。 经过 5 年的历程，现在的南红原料价格折算成克，已达到了每克 100 元以上！

最近以来，为进一步规范南红市场，促进其健康发展，四川省质监系统制定的关于南红玛瑙的地方标准即将出台。此外，位于凉山的四川南红玛瑙文化产业协会还计划在此基础上，制定一个凉山的更详细的、涉及南红玛瑙成品分等分级的标准。

市场上随着南红玛瑙越来越"红"，作为原石主产地的美姑却越来越"痛"——私挖滥采现象屡禁不止，部分山体被挖得千疮百孔、面目全非，原石的开采模式造成当地资源浪费和生态环境的破坏。针对这些现象，美姑县近期将对县内九口、瓦西、洛莫依达 3 宗南红玛瑙矿权，以招、拍、挂方式公开依法出让，由有资质的单位进行有序、科学开采。

不仅如此，美姑县更是期望充分发挥这个得天独厚的资源，充分发挥南红玛瑙商品属性、旅游属性、文化属性进行一体化产业发展，将南红玛瑙打造为美姑支柱产业和文化名片。美姑已经制定了南红玛瑙产业发展初步的整体规划，在美姑的毕摩产业园里，专门划定了南红玛瑙产业园，包括展览、品鉴中心等。人们期待着南红资源的合理开发和利用，期待着南红市场持续的繁荣和稳定。

⊙ 石佛寺市场

石佛寺是我国著名的玉器制作交易市场之一。该镇以玉雕为特色支柱产业，玉雕原料丰富，产品种类齐全。原料主要有独玉、和田玉、翡翠、蓝田玉、岫玉、阿富汗白玉、加拿大碧玉、俄罗斯白玉及各类水晶、玛瑙等近 60 个种，产品主要有饰品和摆件两大系列十大类近 5000 个品种。齐全的品种和多样化的档次，使石佛寺玉雕驰名中外，独领风骚。石佛寺的专业玉雕市场规模庞大。全镇现有专业村落 14 个，拥有石佛寺翡翠玛瑙市场、玉雕、玉白菜市场、玉雕摆件市场、玉雕湾综合市场四大专业市场。玉雕从业人员近 5 万人，各类玉雕加工企业（户）4000 多家，年产销玉雕

南红玛瑙鉴定与选购从新手到行家

154

● 石佛寺南红玛瑙市场

● 石佛寺南红玛瑙市场

产品1300万件，是全国规模最大、价格最低的玉雕加工销售集散地。

　　南红玛瑙自然也是这里不可或缺的一部分，这里也成为南红玛瑙的最大集散地。目前这里的南红玛瑙从业人员非常多，从原料采购、加工雕刻、上市交易等基本一条龙。石佛寺市场交易南红原石并不多，有一些好的原石也是价格很高，市场上以挂件小雕件和珠链饰品最多，占绝对数量，南红的总体的雕工水平一般，南红玉雕精品相对少，以普货为多。当然，这里自然也不缺大师级的精品，来自苏州、上海、广州以及本地大师级的南红精工玉器也会偶有现身。由于南红玛瑙的快速发展，南红玛瑙价格暴涨，这里的南红玛瑙价格同样水涨船高。

⊙ 广州市场

在著名的广州荔湾广场和华林玉器街，业内资料显示，对南红的狂热从 2012 年年底开始。那时，来自北方的机构、收藏家开始成批地买入南红珠，有的玉器加工厂一次就有几百万元销售，而且买方只要好货。一有柿子红、锦红色的产品出现，就被抢购一空。而广东本地的零售市场，却基本看不到这些厂的产品出现，广东散户对南红珠不太感兴趣。广东是珠宝基地，全国 70% ~ 80% 的南红珠是广东加工出来的。北方机构买家、收藏爱好者成为广东南红玉器加工的主要客户，有的客户半年里在一个厂即可采购上千万元的半成品。这就是广州南红市场的写照。

● 广州南红玛瑙市场

当前，新产的南红玩件，在广州荔湾广场市场上，价格主要在 1 万 ~ 5 万元之间；一条重量为 30 ~ 40 克的南红串珠项链，价格高达 6000 ~ 1 万元；而来自云南、四川的南红原材料，较好货色的价格已涨到近 10 万元 1 千克，已高于成品的价格。从 2013 年开始，由于北方机构的介入，南红价格在 8 个月里几乎翻了一番。以上价格与 12 年前 2001 年的价格相比至少上涨 100 倍。当时，在广东市场，老南红珠的价格仅约 10 元一粒；而南红原材料的批发价格，柿子红的较好货色也不过 100 元 1 千克。如将当时不足 100 元较好货色的批发价与现今高达 10 万元的原材料现价对比，最大差异可达 1000 倍。

⊙ 苏州市场

　　苏州有着悠久的玉文化历史，玉雕工艺传承已久，名闻天下。近代以来苏州以设计加工制作白玉、翡翠名闻华夏。很久以前，这里也许曾经就是南红雕刻艺术的故乡，是南红艺术品诞生之地。苏州从古至今诞生了许多杰出的雕刻大师，今天，这里的很多雕刻艺术家又为新南红资源的发现发掘做出了突出贡献。随着南红的归来，"苏工"又秉承传统，发展创新，南红玉器作品的设计制作达到了一个新的高峰。

　　2013 年年底，苏州市玉石文化行业协会南红专业委员会成立，这是国内首个南红玛瑙的专业性行业协会。近一年以来，南红专委会的会员单位已达 180 余个，遍布北京、上海、重庆、深圳、四川、云南、河南、浙江等十余个省、市，"中国的玛瑙文化几乎与玉文化同时出现，我们希望用苏帮工的创意与技艺来传承、接续这个绵延千年的独特文化资源，把苏州打造成为南红玛瑙的精品重镇"。南红专委会秘书长柴艺扬表示。

● 苏州南红玛瑙市场

● 苏州南红玛瑙市场

  面对强劲的市场需求，2014年4月中旬，南红专委会组团参加了重庆珠宝展，5月上旬，又组团参加了上海珠宝首饰展览会，5月下旬，专委会主办的"南红玉润盛世藏"品鉴会在南京举办，随即，南红专委会北京办事处、苏作南红产业基地在北京十里河红石坊挂牌成立，一个遍邀收藏家、地质学者、金融界人士的南红研讨会也同期举行。"这一系列动作，是南红专委会酝酿已久的既定活动，是我们希望社会各界关注南红文化产业的抛砖引玉之举。"丁在煜会长这样表示。可以看出，苏州玉雕界确实是这样紧锣密鼓地积极推广着南红这一独特艺术奇葩。

  苏作玉雕以"小、巧、灵、精"出彩。"小"是玲珑袖珍，苏工擅长在方寸的玉石上雕刻、作业；"巧"是构思奇巧，特别是巧色、巧雕尤其令人叫绝；"灵"是灵气逼人，创作者将灵气带入作品，作品就有了灵魂；"精"是精致细腻，一刀一琢都细致到位。由此可见，苏州工雕工的精细、用心。

  如今在苏州，经营南红玛瑙的商家规模已经发生了巨大的变化。2009年，苏州只有零零散散的几家店铺会摆上几件南红作品。而现在以南红原

● 苏州南红玛瑙市场

料为主的玉雕工作室和经营店就有近 60 家，而南红玛瑙几乎出现在每一家的橱窗展位上。

　　苏州的雕刻艺术家胡立人说，在苏州之前，也有别的地方加工南红，但并没有取得很大的反响。而苏作玉雕精巧、灵动的技艺则将南红的美展现得淋漓尽致，可以说苏州工是南红发展的一个推力。凉山南红的主要发现推动者之一，雕刻艺术家赵靖玥先生认为，南红的特殊肌理给了创作者更多的发展空间，也提出了更高的要求。"南红的纹理给了苏州工进行巧雕的机会。"苏州玉石文化行业协会副会长、雕刻艺术家侯晓峰先生认为，"南红在雕刻处理上跟白玉是差不多的，雕工的展现也不会有太大出入。但是一切有颜色的玉石，包括碧玉、墨玉，相比白玉，都有更好的视觉效果，更强的层次感。南红，在这一点上是有优势的。南红在把层次拉大的同时，也会把缺点放大，这就要求雕刻者必须精益求精，不能马虎。"

　　可以看出，精湛的苏州玉雕工艺给了南红新的生命，赋予了其新的内涵，推动着南红玉雕的蓬勃发展。

⊙ 北京市场

北京是南红玛瑙最先起步也是普通大众认知度最高的地方。这里的南红玛瑙市场非常火爆，成交量最高。

说起北京的南红市场，陈海龙的传奇故事饶有趣味。2008 年，白玉在奥运会的带动下市场大热，巨大的财富诱惑让陈海龙坐立难安。不甘心与财富擦肩而过的陈海龙暗下决心：寻找一个新品种，自己做这个品种的第一人。他想起曾经接触过的一位藏族人，他脖子上那颗老红珠子一直敲打着他的心。

知易行难。想把生意做大就得从源头开始，找到南红原料产地。但南红在哪儿陈海龙毫无头绪。他每天在北京各大古玩城里打听南红的源头，终于从一个云南人那里得到消息：云南保山漫江大桥附近。陈海龙迫不及待地开启了寻找南红之路。先坐飞机到昆明，又坐了五个多小时的长途汽车到保山。转悠了四五天，路费所剩无几，不仅一无所得，还遭遇了绑架，

● 北京十里河市场

劫后余生的陈海龙回京后，为了生计继续经营白玉生意，却没有放弃对南红的寻找。

皇天不负有心人。陈海龙在一次去广州进货时，在一堆废弃的玉石料中发现了一些红石头，当地称之为"红玉髓"。这会不会就是南红玛瑙的原石陈海龙与老板周旋半天也没套出话来，踯躅街头时，看到了路边灯火通明的金店。他灵机一动，到金店里买了一枚金灿灿的足金戒指，换来了一条重磅消息：四川凉山发现了南红原矿。随后，他来到四川凉山的美姑县联合乡，在那里找到了川料南红。

那时候，由于知道凉山的川料南红的人并不多，在大豆地里、玉米地里，随时可以看到一块块形状各异的南红原石，但 5 元钱一斤的收购价格仍让当地村民喜出望外。陈海龙在凉山待了 50 多天，数麻袋的石头堆在房间里，放不下了就堆在旅馆门外。由于带不走这么多，他还花了 200 元钱雇人把带不走的石头扔到了河里，为老板清理门面。

带着这些收获，陈海龙回到了北京，他把南红原石加工成成品，在北京古玩城展销会上一炮而红。2010 年，陈海龙在北京开了第一家南红加工厂，成为北京第一位集收料、生产、加工一条龙经营模式的南红批发商，开了北京第一家专门批发南红产品的门店，也收获了"京城南红第一人"的称号。如今，陈海龙与全国的 2000 多个经营南红的商家建立了业务关系。

目前，十里河红石坊是北京南红市场集散地，南红玛瑙比较集中，有批发，有零售，价格不等，南红产品量比较大。著名的潘家园是另一个南红集散市场。这里的南红玛瑙也很多，但大多是普通制品，相对价格便宜。此外，爱家收藏民族园店和大钟寺店，精品南红玛瑙相对多，价格自然也很高。除了以上几个地方相对比较集中外，西四环四季青桥西南角市场也有南红玛瑙出售，不过制品相对较少，价格倒也不是很高。在北京的南红市场，与四年前相比，目前市场上的南红饰品，价格至少增长了四倍。大众消费主要集中在项链、手链、戒面等传统饰品，单品价格一般在万元左右。个别精品价格惊人，例如一件 20 多克的南红弥勒佛挂件，颜色均匀，通体柿子红，买家出价 10 万元，卖家仍不为所动。

南红拍卖市场

　　名满天下幸得伯乐慧眼，如果说南红短期内在"天工奖""百花奖"等业内权威比赛中崭露头角归因于大师们成熟的艺术创作，那么南红能迅速进入拍场为藏家所熟知则要归功于专业拍卖机构的推广。因为有成熟理性的市场推广和规范的市场引入机制，南红才没有沉寂于大师们的工作室内。

　　拍卖市场是了解南红行情，展示南红精品，更是发现南红传世玉器的重要窗口。2012 年年底，北京举办了首届"南红玛瑙雕刻艺术精品专场拍

● 南红玛瑙一夜封侯挂件

柴艺扬 2013 年作品，重 36 克，成交价 35000 元。

卖会"，拍卖会取得圆满成功。王者归来——
当代南红玛瑙雕刻艺术精品专场，拍卖的
南红作品，以珠链串饰、挂件、小摆件等
为主，重量由 10 克，数十克，至 100 克，
100 多克不等，成交价格有 100 多元每克至
1000 多元每克。其中出现了最大的一件南
红玛瑙狮子滚绣球摆件，重量达到了罕见
的 2386 克。近几年，身价百万的南红器物
已经面世。2013 年，在北京中拍国际举办
的"妙臻百艺"专场中，一枚长 10.5 厘米
的南红玛瑙应龙杯以 170.25 万元成交，成
了当晚最高价的拍品。同年，苏州东方艺
术品拍卖也成功推出百万南红，16 厘米的
清乾隆南红玛瑙雕梅花形花插以逾 103 万
元的价格成交。2014 年以来，一些名家作品，
质地温润细腻，纯净的锦红、满柿子红南
红玉雕已经突破了每克过万元的高位。

从各种拍卖情况看，新南红的发展引
来了不少传世的明清时期南红玉器制品，
它们不断融入南红玉器这条历史艺术长河
中，浸润丰富着人们的文化生活，描绘着
社会的发展与进步。在这些传世的南红玉
器中，一个重要现象是红白料在南红雕刻
中的大量使用，而且器型也主要呈现小型
的体量，同今天的南红市场有着某种程度
的相似，这客观反映了南红材料的弥足珍
贵，也还原了明清时期甚至可以推断更早
时期南红材料的实际情况。

● 南红玛瑙贵妃戏鹦手把件

柴艺扬作品，重 82 克，市场参
考价 18000 元。

● 南红玛瑙杯

豆中强 2013 年作品， 重 73 克，
市场参考价 420000 ～ 600000 元。

⊙ 南红玛瑙拍卖品欣赏

● 明 南红玛瑙佛珠 （一串）

估　　价：350000 ～ 550000 元
拍卖时间：2012－12－06
拍卖公司：北京远方国际拍卖有限公司
拍 卖 会：2012 年秋季拍卖会
佛珠由 100 颗南红玛瑙珠穿系成串，珠粒大小相若，色泽饱满均匀，艳红如一，且质
地细腻，手感温润。

● 南红玛瑙应龙杯

尺　　寸：长 10.5 厘米

估　　价：1500000 ～ 2000000 元

成 交 价：1702500 元

拍卖时间：2013－12－06

拍卖公司：北京中拍国际拍卖有限公司

拍 卖 会：2013 年秋季拍卖会

此玛瑙应龙杯是国内南红玛瑙器物类作品中体积最大的器物之一。

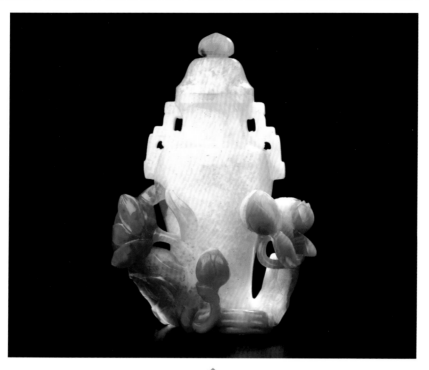

● 清 南红玛瑙荷花蝴蝶瓶

尺　　寸：高 17 厘米

估　　价：500000 ～ 600000 元

拍卖时间：2014-07-06

拍卖公司：江苏爱涛拍卖有限公司

拍　卖　会：2014 年春季拍卖会

此瓶以南红为质，料工俱佳，风格优雅中蕴大气方正之气，以宝瓶之刚配荷花之柔，并以巧色雕成蝴蝶一只，翩翩起舞于瓶腹。匠心独具，意韵悠悠。

来源：比利时藏家旧藏。

● 清乾隆 南红玛瑙雕梅花形花插（配木座）

尺　　寸：长 16 厘米
估　　价：580000 元
成 交 价：1035000 元
拍卖时间：2013—09—27
拍卖公司：苏州东方艺术品拍卖有限公司
拍 卖 会：2013 年秋季艺术品拍卖会
此器颜色红润，巧妙借助材质自身的天然颜色，雕琢红白相间的纹饰，浮雕寿桃、灵
芝、梅花等纹饰，掏膛匀净，工艺极其精湛。

● 清乾隆 南红玛瑙巧雕三多纹花插

尺　　寸：高 10 厘米

估　　价：350000 ～ 400000 元

成 交 价：460000 元

拍卖时间：2013－12－06

拍卖公司：北京翰海拍卖有限公司

拍 卖 会：2013 年秋季拍卖会

花插以珍贵的南红玛瑙巧雕而成，通体色泽鲜艳，以白料为树桩，红料巧雕蝙蝠、麋鹿、蟠桃，暗喻福、禄、寿三吉星，玛瑙整体材质坚实，掏膛匀净，器型古朴，并配有茜色象牙底座，体现了工匠技艺之精湛，构思之巧妙，实为文房雅玩之佳器。

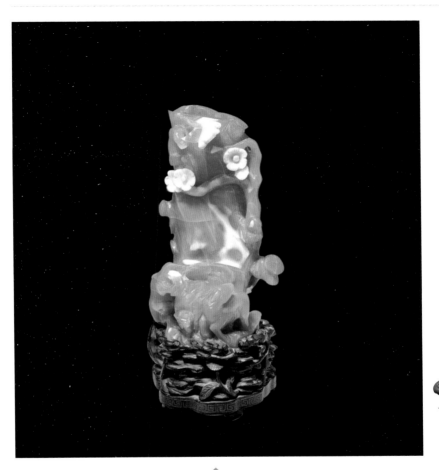

● 清乾隆 南红玛瑙巧作花插

尺　　寸：高 10 厘米

估　　价：350000 ～ 450000 元

成 交 价：402500 元

拍卖时间：2013-12-23

拍卖公司：上海朵云轩拍卖有限公司

拍 卖 会：2013 年秋季艺术品拍卖会

此件玛瑙花插，颜色红润，配以白色相辅，娇艳细嫩。用透雕法绘梅石，整体大气而典雅。配有底座。

● 清乾隆 南红玛瑙三色花插

尺　　寸：高 10.5 厘米
估　　价：480000 ～ 600000 元
成 交 价：701500 元
拍卖时间：2013--12--31
拍卖公司：江苏爱涛拍卖有限公司
拍 卖 会：2013 年苏州首拍
出自美国苏富比 2007 年纽约冬季拍卖会。

● 清早期 南红玛瑙雕松鹿纹花插

尺　　寸：高 9.5 厘米

估　　价：150000 元

拍卖时间：2013-12-12

拍卖公司：苏州东方艺术品拍卖有限公司

拍　卖　会：2013 年秋季艺术品拍卖会（第二场）

● 清中期 南红玛瑙福禄寿花插

尺　　寸：高 8.2 厘米
估　　价：350000 ～ 550000 元
拍卖时间：2012—12—05
拍卖公司：北京保利国际拍卖有限公司
拍　卖　会：2012 秋季拍卖会

⊙ 南红市场未来价格走势展望

如今南红已成为市场上最火爆的玉石品种之一，材质工艺俱佳的南红玛瑙制品，动辄几万到几十万元的价格比比皆是，真正成了继翡翠、和田玉之后的"玉中新贵""玛瑙之王"。

很多业内同人认为，由于南红受推崇的历史渊源，资源稀缺珍罕性，资本的逐利性质，更主要的是人们对南红的喜爱等因素，南红市场五年间，价格翻升百倍，基本上属于市场的正常反映。当然它的价格已经处于一个平台的高位，未来几年，其价格走势应会更加理性。好的原料，优秀的作品，其价格还应该有不错的行情，只是相对于前几年的火热，增加幅度也许会减小，甚至是徘徊盘整。而对于市场的南红低端材料，粗制做工，这类情形下，其价格不太可能有好的表现，甚至是出现合理下调的。理由如下。

首先，南红的受众面现在十分稳定，有越来越大的趋势，这是市场持续健康发展的良好基础，在没有更多原料加入支撑市场时，受众面的增大，势必消化前期的原料和成品，原料和成品甚至可能出现业内的转手使成本进一步提高，市场总体价格自然稳定甚至提高。

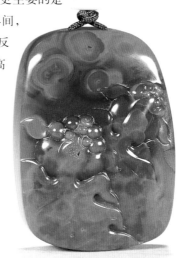

● 南红玛瑙金玉满堂牌

范同生作品，重 65 克，市场参考价 45000 ~ 60000 元。

其次，优质材料的供给依然是令人困惑的难题。这是中高端南红市场始终面临的问题。在原料供给方面，现实的情况是，面对大凉山南红玛瑙市场红火、价格飙升，无证开采、偷挖盗采现象突出，矿区资源、生态环境受到不同程度的破坏，同时，以家庭为单位、毫无安全防护措施的原始开采模式存在极大安全隐患。2014 年 7 月，凉山州已把整治南红玛瑙盗采行为列入"彝区依法治理五大专项行动"，严厉打击非法勘查开采行为。

● 南红玛瑙狮子滚绣球摆件

裘进作品，重 2386 克，市场参考价 550000 ～ 700000 元。

● 南红玛瑙龙马精神雕件

凉山料，裘进作品，重 109 克，市场参考价 160000 元。

174

这对南红市场的可持续健康发展无疑提供了可靠保障。但同时，无序采挖引导为有序，人力物力的投入势必减少，原料的供给可能会随之减少，这无形中对支撑南红的市场价格是一个积极的因素。尤其对中高端市场的支撑力度显然是巨大的。

此外，还是原料方面——南红赌石的问题。南红也同翡翠、和田玉一样，它火热的魅力以及背后潜在的巨大经济价值既充满对人们的诱惑，同时随之而来也带来了巨大风险，尤其南红原料赌石方面。因为后期出现大量的红碧玉和伴生矿的南红赌石不仅数目惊人，价格也是让人目瞪口呆。原本赌的是南红的肉色品质，现在赌的却是材料究竟是南红还是伴生矿或者红碧玉。这里面说法很多，争议也很大，典型的就是包浆石说法——外面是乌石里面是极佳品质的南红，在现在看来这样说法的胜算概率低得很。没有大开窗的赌石原料基本十赌十赔。一块 500 克没开窗的原石最多就值几百元，微弱小开窗的原石价格可以千元至万元，看开窗情况来定。大开窗的基本反映南红的真实价格。万元起步，根据品质而定，高的可以达到十万元或几十万元。品质不好的依然不值钱。以前南红玛瑙原料的批发价在每千克 1500 ～ 2000 元，现在，好一点的料都在三四万元或五六万元，一般的料每千克也需要两万元。南红原料的采集风险无疑大大增加了南红的成本，这又是一个支撑中高端市场的重要因素。

而对于低端南红市场，在原料方面，其本身即是市场的主角，它即便受众面广，但不是主力资金看好的对象，加之国内市场已经客观存在的多区域的天然红玛瑙原料供给，不论它们的优劣程度如何，但毕竟是有它的需求空间，虽然它们对高端南红市场影响甚微，但对中低端市场会有不同程度的挤压，这也是未来几年中低端南红市场价格走势的一个重要影响因素。

实际上，面对南红市场的火爆，可以说在南红市场的各个供应环节，不同程度地存在一些不理性的东西，特别是原料市场。2013年9月以来，南红市场开始出现优劣分化，有的商家销量下滑，有的依旧风生水起，看空看涨的声音都有，市场呈现理性盘整。2014年，在川南红原料产地凉山，首次举办了国内第一次南红公盘，但效果不佳。在业内一片错愕中，一天时间内便草草收场谢幕，无一成交！当然其中有很多因素，但关键是价格严重脱离市场需求，价格之高令人瞠目结舌，有的原料克价竟然达到了800元。又成了面粉贵过馒头的一个现象。这种原料的高价试盘，市场不应也算是南红市场的自身调整吧。市场需要消化，需要调整，一味拔高，自然有阻力空间，这也是市场退烧自愈调整趋于理性的必然。这也从一个侧面印证了上述南红价格走势的判断。

● 南红玛瑙俏色雕件——韵

苏州玉雕，重53.4克，李栋作品，市场参考价70000元。

● 南红玛瑙弥勒佛把件

柿子红，侯晓锋作品，重81.96克，市场参考价500000元。

南红的保养

南红同其他类型的玛瑙有着基本相同的主要化学组成，地质成因基本相似，这决定了它们的物理性质和特点也是基本相似的。在保养方面，需要注意以下几个方面。

第一，对南红饰品要遵循轻拿轻放的原则，要注意避免碰撞硬物或是脱手掉落，不使用时应收藏在质地柔软的饰品盒里或柔软的锦缎布袋里；尽量避免与香水、肥皂、化学试剂液或是人体汗水接触，更不能佩戴饰品热水洗浴，以防受到侵蚀，影响玛瑙的鲜艳度和质地的表面结构。

第二，要尽量避开热源。阳光下长时间的曝晒、炉灶的炙烤等，有可能会对南红造成不可挽回的损坏。因为玛瑙遇热会膨胀，分子间隙增大影响玉质，持续接触高温，还会导致玛瑙发生爆裂。数据显示，温度超过七八十度南红就会发生爆裂。

第三，在北方冬天干燥时节，注意保持空气的湿度，避免大幅度的冷热温度急骤变化。玉髓玛瑙的矿物颗粒间都存在一些水，常温下，比如玉髓就会产生脱水现象，造成颜色下降。玛瑙相对好些，但要注意这个问题，闲暇之时，可经常擦拭保持清洁，偶尔用纯净水浸泡一下可以调整南红玉器表面的湿度环境，会使南红颜色保持鲜亮，质地细腻。

实际上，经常佩戴和把玩是对南红饰品最好的保养，有助于南红表面质地的滋润和包浆的形成，会越摸越好，越戴越亮。

最后，还有一点需要注意的是，我们在南红饰品使用后，有时会出现很多裂，或者白纹的情况。实际上，南红所谓新出现的裂纹，还是以前的裂。这些裂纹，在南红饰品制作时就已存在，工艺完成后浸泡油进行掩盖，使用后，浸入的油蒸发跑掉，裂隙会变明显而显露出来，可以在强烈透射光下观察裂隙延伸情况。有时佩戴不当摔碰撞击，或遇火，高热源出现新裂，但这种情况较少。鉴于此，南红饰品不佩戴的时候，涂抹上少许无色油，不要多，对保护南红饰品有益。而出现白的情况，也跟裂隙有关——是肉眼看不见的微裂，当进入水汽后，阻挡光线，形成白色。这个状况基本无法避免。这种情况主要出现在保山料。逐渐地，很多保山南红收藏爱好者已经认可接受了这个事实。

专家答疑

● 南红玛瑙喜上眉梢挂件

图片由北京乐石珠宝提供。

南红玛瑙是一种新的玉石品种吗

答：准确地讲，南红玛瑙并非是新的玉石品种，而是历史非常悠久的品种。从考古的研究成果资料看，南红有据可考的历史可追溯到春秋战国时期。那时期，这种红色的天然玛瑙已经成为上层贵族阶层的厚爱。当然，那时的玉石名称并不叫玛瑙，更不会叫南红玛瑙，甚至简化为南红。南红的称呼只是近十几年的俗称。

"玛瑙"早期是被书写成"马脑"的，最早见于后汉安世高所译的《阿那邠邸七子经》一书。南北朝时的《妙法莲华经》译文称："马脑，梵云遏湿摩揭婆"、"色如马脑，故从彼名"。唐代的《一切经音义》解释称："'阿湿缚'（Asmar-）者，此云'马'也，'揭波'者（-garbha），脑也。"

三国时期曹丕同父亲曹操北征乌桓，当地的人进贡玛瑙酒杯一只，曹丕见酒杯红似飞霞，晶莹剔透，便挥笔写下《马脑勒赋》，并在序中说："马脑，玉属也，出西域，文理交错，有似马脑，故其方人固以名之。或以系颈，或以饰勒。余有斯勒，美而赋之。命陈琳、王粲并作。"自佛经传入中国后，翻译人员考虑到"马脑属玉石类"，于是巧妙地译成"玛瑙"。据章鸿钊先生《石雅》记载，中国汉代以前，玛瑙称"琼"、"赤玉"、"赤琼"或"琼瑰"。

由于佛教传入中国，对中华文化产生深远影响，"琼"和"赤玉"等名字也逐渐被"玛瑙"所替代。从相关文献看，应该说"赤琼"和"赤玉"是最准确指向等同南红玛瑙品种的古时用名，这一时间最晚起于东汉时期，而更早时期文明中南红玛瑙的曾用名待考。

● 南红玛瑙喜上眉梢手把件

图片由北京乐石珠宝提供。

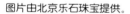

● 南红玛瑙狮纹印章

图片由北京乐石珠宝提供。

南红在古时候是名贵的品种吗

答：可以毫无疑问地说，从古至今天然的高品质南红一直是名贵品种。众所周知红色是国人的吉祥色，再者红色的宝石和玉石品种在自然界属于稀有珍贵的，所以受到人们的推崇并不奇怪。

从目前出土的文物中可以看出，玛瑙雕件比较多，但是红色系玛瑙的文物却非常少，这主要还是受制于天然红玛瑙材料匮乏。

古金沙国，是商代晚期至西周时期的古蜀王国，距今约3000年，在后来的历史长河中神秘消失。其遗址自2001年首次发现，出土了很多文物，考古学家认为其与"三星堆"有着密切关联，出土文物出现了当前存世最早的一件南红玛瑙制品——南红贝币，雕琢精美，尤为瞩目。一方面反映出当时南红的加工技艺已达很高的境界，另一方面反映出当时上层社会已对天然红玛瑙的情有独钟。显而易见，南红玛瑙已然成为名贵品种，确立了在当时玉石品种中所处的重要地位。

除了作为货币工具，大多红色系玛瑙仍属于统治阶层的专属，象征着崇高的权势地位。

在与南红玛瑙产地非常接近的古滇文化兴起后，他们理所当然近水楼台先得，必然成为南红玛瑙重要的使用群体，这一时期似乎贯穿了古滇国500年历史。这时期的南红玛瑙很常见，被制作成各种各样的长素管，有的甚至饰以来自古印度河谷的蚀花技术。不过这些南红玛瑙饰品也仅仅是有着很高地位的人才能佩戴和赏玩。

如在第三代滇王国的最高统治者庄蹻之孙石寨山M12号墓中，发现了用南红玛瑙雕刻成的甲虫和牛头，足见逝者生前对南红玛瑙的喜爱至极。

在李家山(时代相当于中原的西汉)M47号墓，博物馆的介绍说这是"珠被"，是"珠襦玉柙"中的"珠襦"，与中原的"玉柙"（玉衣）并列的奢侈品，这其中就有南红玛瑙。

与古滇文化同时期的中原的春秋战国时期，也出现了许多玛瑙制品，并且在形制上已经摆脱西周时期严格的宗法礼制约束，制品从兽饰到生活用器（剑饰、耳挖、带钩、足型器、器具等）种类繁多，并且工艺精美，制作技艺水平也是达到了当时的最高峰。此时的南红玛瑙仍只是皇室贵族才能使用，南红被用在佩剑剑饰上、玉璜组玉佩、玉质发饰上等，也制作出一些诸如奔鹿雕件、红玛瑙环、南红玛瑙龙首带钩、南红玛瑙猪雕件、南红玛瑙印等小型玉饰品。这时期的南红玛瑙非常珍贵，是身份和地位的象征，一般寻常百姓是用不得的。

汉代时已有南红雕刻的小猪挂件。整体采用圆雕雕刻手法，刻画的是四肢站立的小猪，以深砣碾出眼、耳、口、鼻；猪身体滚圆，腹部一横穿孔，看来是被用作挂件的。

两汉时期的南红玛瑙耳珰，类似于耳钉之类的饰品，更明确无误地显示出上层女性对南红的钟爱。至于唐宋以后至明清时期南红的使用也基本局限于上层社会，在此不再多赘。

● 南红玛瑙手把件

图片由北京乐石珠宝提供。

南红的产地只是云南一地吗

答：从文献记载看，最早的赤玉记录了古时产自东北地区的天然红玛瑙，至于赤玉最早源于何地待考。有趣的是，科学的进步，让今人对红玛瑙的品种划分得越来越细，过去古人所称的赤玉极可能正是今天业界所称的"战国红"。当然，从当前地质资源看，普遍被业界认同的南红主要是三地，即甘肃迭部，云南保山，四川凉山。它们有着比较接近的地质结构特征。历史上的南红玛瑙主产地在云南，最具代表性的区域在保山市的玛瑙山。但最近几年，凉山地区发现了目前已知品质最好的南红玛瑙，其颜色艳丽，润泽度佳，完整度好，具备历史上任何其他产地的南红都没有的优势。有资料显示，我国的新疆，青海也有南红出产，但可供鉴赏的实物不多。

● 南红玛瑙莲花佩

图片由北京乐石珠宝提供。

南红玛瑙与玉髓的区别

答：玉髓是自然界常见的玉石品种，化学成分是 SiO_2。玉髓质地纯净时，是无色或白色的，多呈半透明至微透明。但因自然界中玉髓所含的微量化学成分和矿物成分的多样性，如 Fe、Al、Ti、Mn、Mg、K 等，使得玉髓颜色多样。玉髓饰品颜色有黄、红、蓝、绿、紫等。玛瑙和玉髓的主要矿物成分都是 SiO_2，从这点来说，它们可以称为"近亲"，但是玛瑙和玉髓还是有区别的，两者的区别主要在于是否有纹带花纹。玛瑙是隐晶质，有明显的条带纹理，而玉髓没有条带状纹理。两者的形成机制不同。

南红什么品种最名贵

答：单从南红本身自然的属性评价，颜色属于锦红、柿子红，且颜色分布均一，质感细腻油润，无裂隙，少色带的属于南红价值最高的品种。

以 2015 年上半年北京市场纯色柿子红圆珠为例，参考行情如下：

5 毫米以下南红圆珠　　70 元／克

6 毫米南红圆珠　　　　90 元／克

7 毫米南红圆珠　　　　150 元／克

8 毫米南红圆珠　　　　170 元／克

9 毫米南红圆珠　　　　190 元／克

10 毫米南红圆珠　　　　210 元／克

11 毫米南红圆珠　　　　230 元／克

12 毫米南红圆珠　　　　260 元／克

13 毫米以上南红圆珠缺少样品　暂无数据。

红白和冰飘料价格最为便宜，10 毫米左右的珠子单克价不超过 20 元每克。

挂件和把玩件满肉柿子红在每克 100 ～ 200 元之间，名家雕刻可以达到每克 1000 元，极品材料加名家雕刻甚至突破万元。戒面品种在几十到数百元每克，而一些罕见的荧光南红戒面据说极品可以达到每克万以上。玫瑰红与柿子红混色的南红价格与品相关联度较大，整体价格要比纯色珠子便宜 30% ～ 70%。

南红玛瑙与烧红玛瑙能区别开来吗

答：可以区别的。南红的红色是由大量的红色针尖状或球粒状铁离子微粒聚集形成的，有些肉眼即可识别，有些通过 10 倍放大或者更高倍数的放大才能观察到。而烧红玛瑙是通过玛瑙原料内部含有的二价铁通过加温氧化成三价铁实现颜色的转变的，这种红色形态不成球粒状，玛瑙表面会有一种烧结纹，实际是呈弧状的收缩裂隙。

● 南红玛瑙连连有余手把件

图片由北京乐石珠宝提供。

南红2015年的价格趋势如何

答：从2009年开始，南红原石和成品价格一年都要翻几番，同比涨幅远超名人字画和房地产，更别提股票与黄金了。6年前，几百元的南红圆珠，如今都要几千元，品相完美的，上万元都难买到。这个价格还是指的素珠。上工的，尤其如果还是名家工的，可以达到以几万甚至几十万元计。

南红在价值不断上扬的过程中，上演着一个个财富故事。在四川，早期有外地人从当地挖石头时，根本没有引起重视。直到有大藏家进山拉了十多卡车的石头出山，一些业内人士才醒悟过来，随后也跟进入市。当地一位石商曾用200元就买到一块精品原石，后来以49万元脱手。而买家请来一位著名的玉雕大师进行雕琢，一件精美绝伦的南红玛瑙工艺品就此诞生，后来该作品在香港卖出480万元。

相比 6 年前，南红的价格涨了 1000 倍。从无人问津到受到热捧，南红绝对是玉石投资市场的新宠。去年，南红迎来了价格顶峰，精品的云南保山南红原石价格每克甚至高达 100 元至 200 元。现如今，保山南红玛瑙的价格已经炒得相当高了，等闲的料子动辄上百元一克，如果是极品锦红、柿子红的料子，运作得稍微好一点，可以卖到上千元一克。纵观南红不同的种类，其价值相差巨大。低端成品以克论，由每克十几元起，而高端部分，每克已达万元。

南红玛瑙因成色不同而价格各异，垃圾料几十元一千克，好料则要几千乃至上万元。现在真正的实力投资者都只盯好石头，而不是去地摊上"捡漏"。

冷静回顾南红这几年一路走来，从今年的市场情况看，南红短短几年大涨有价值回归的因素，但这一两年来，已经含有了泡沫，需要消化。原因一是南红缺乏完善的行业标准，等级混乱；二是原石炒作近乎疯狂，已经"面粉贵过面包"；三是二级市场积压了相对多的库存，价格已经涨不动并有所回落。南红玛瑙市场的各种乱象也增加了后市的不确定性。在美姑的南红玛瑙价格持续飙涨后，各种"外来料"纷纷涌入，仅在西昌市场就已经发现了非洲红玛瑙、蒙古红玛瑙等"外来料"搅局。这一类外来石料品质要差很多，价格也便宜，对南红市场存在一定影响。

为什么说南红玛瑙和翡翠以及和田玉属于高端玉种

答：现在的南红与翡翠以及和田玉三大种类，事实上已经构成玉石市场的高端品种。在所有玉石品种中，目前价值以克计，能达上万一克的，除翡翠，和田玉和南红外，无出其右。

玛瑙，近代是作为中端甚至是中低端玉料使用的。一直以来，自然界存在天然红色的玛瑙也是客观存在的事实，但由于高品质的玉料几乎世所罕见，对它的研究也没有引起足够重视。在传统的珠宝鉴赏认知中，人们将天然红玛瑙的价值与烧红玛瑙的价值近乎等同。在大约 10 年前高档南红玉料问世之后，人们才从历史的长河中，寻觅它曾经的踪迹，无论是考古方面，还是现有博物馆的玉器收藏方面，都做了比较充分的研究。人们如梦方醒，原来出自我国云南和四川等地区的这种天然红玛瑙资源竟是弥足珍贵的玉种，而且它们在古人上层的生活中已经充当重要的角色。

南红经过短短几年时间，价值快速急升，正是由于其本身具备历史上的认知，加之具备高硬度，红色彩，质地细腻，稀缺的玉石品质，被人们喜爱认可就不足为怪了。

● 南红玛瑙弥勒佛手把件

图片由北京乐石珠宝提供。

南红里的无色冰种，且不带红色的品种价值如何

答：南红的价值首先是红色赋予的。如果一件玛瑙作品里，不具备红的颜色，那这件即便是南红产区所出，也很难与其他地区所产玛瑙区分开来，价值几乎等同。一般来讲，大师级的有经验的雕刻师在雕刻这种南红类型时，不管内部或者边部外端，在保证玉雕作品风格的同时，或多或少要将其所带的红色尽可能多地保留，这样相得益彰，既保留了南红的血统，彰显了身份出处，也显现了南红的价值。

南红玉雕市场上什么玉雕类型多见

答：市场上的南红玉雕以串饰类为主，呈大小不同的圆珠类。其次是做宝石镶嵌的戒面类，小型把玩件摆件。手镯大小的尺度已属罕见，较大型的高品质摆件更是极其罕见，这是南红原料尺度的实际写照。

● 柿子红南红玛瑙雕件

目前国内相对成熟的南红市场在哪里

答：全国规模最大的原石南红玛瑙交易市场位于四川凉山州州府西昌市。这里每天清晨6点，天刚蒙蒙亮，位于西昌邛海边海门渔村的南红玛瑙市场就挤进了上千人，叫卖声此起彼伏。在这个近几年才形成的交易市场里，卖家通常是把未经雕琢的石头顶部开一个小口甚至根本没开口，而里面是否会有玛瑙、质地如何，则全靠买家的眼力和运气。

而在南红成品玉器销售方面，从全国来看，南红在北京的市场接受度是最好的。北京的收藏氛围很好，文化底蕴也非常深厚，毕竟是文化经济中心。

目前南红市场资源紧缺吗

答：南红资源实际上一直是紧缺的。历史上的南红主要指云南保山的南红。大块度的原料一直罕有，加之保山南红由于普遍存在的裂隙，故而在清朝乾隆年间或稍后时期，相对而言的大规模开采趋于结束。本世纪初四川凉山具有市场意义的南红玛瑙原料的发现，使南红这一古老珍贵的品种重返人间，并大放异彩。但是随着地表和近地表的大规模原料踏勘采集之后，新的原料勘察采集只能向靠近地表的下部进行，而且探采几乎是原始和无序的，随之带来生态的问题，南红的原料供给自然收紧。虽说南红资源紧缺，但南红矿即将枯竭的说法也不可取，仅以九口矿区为例，其真实开采量还不到1/10。

精品收藏类图书

为您量身定制的集权威性、专业性、实用性于一体的文玩收藏、鉴定、投资指导书。

《水晶鉴赏与收藏》

定价：88.00 元

《文玩手串的材质、收藏与把玩》

定价：88.00 元

《珠宝购买指南》

定价：69.00 元

《中国现代贵金属币章
收藏与投资入门》

定价：79.90 元

《品真：三大贡木 ——
黄花梨、紫檀、金丝楠》

定价：99.00 元

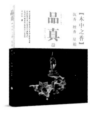

《品真：木中之香——
沉香、檀香、崖柏》

定价：99.00 元

《砚台收藏指南》
（全四册）

定价：316.00 元

《红珊瑚鉴真与
收藏入门》

定价：79.90 元

《瓷可以观：
鸣鹤雅集藏珍》

定价：69.00 元